高职高专机电类专业系列教材

车削加工工艺

主　编　陆德光

副主编　夏　云　杨　宇　梁钜敏

参　编　吴康平　邓海峰　王　玮　吴玉刚

西安电子科技大学出版社

内 容 简 介

本书依据最新车工职业岗位要求,参照车工国家职业标准编写而成。

本书共包含金属切削加工基础、轴类零件车削工艺、孔类零件车削工艺、盘类零件车削工艺、综合零件车削工艺等五个项目。项目一介绍金属切削加工基础知识;项目二至项目五紧扣车工中级、高级技能的标准和要求,以实际生产中的典型零件加工为任务,详细介绍其车削加工工艺步骤和技能要点,并辅以相应理论知识,以期达到理论与实践相结合的目的。

本书可作为高职院校机械类专业实训用书,亦可作为中、高级车工职业培训用书及车工自学人员用书。

图书在版编目(CIP)数据

车削加工工艺 / 陆德光主编. —西安:西安电子科技大学出版社,2022.4
ISBN 978-7-5606-6327-2

Ⅰ.①车⋯ Ⅱ.①陆⋯ Ⅲ.①车削—加工工艺 Ⅳ.①TG51

中国版本图书馆 CIP 数据核字(2021)第 275527 号

策   划 黄薇谚
责任编辑 高 樱
出版发行 西安电子科技大学出版社(西安市太白南路 2 号)
电   话 (029)88202421 88201467   邮   编 710071
网   址 www.xduph.com   电子邮箱 xdupfxb001@163.com
经   销 新华书店
印刷单位 咸阳华盛印务有限责任公司
版   次 2022 年 4 月第 1 版   2022 年 4 月第 1 次印刷
开   本 787 毫米×1092 毫米 1/16 印张 12.5
字   数 294 千字
印   数 1~1000 册
定   价 29.00 元
ISBN   978-7-5606-6327-2 / TG
XDUP   6629001-1
如有印装问题可调换

前　　言

随着高职院校教学改革的不断深入，基于岗位能力的高职院校课程改革成为一种趋势，产教融合、校企合作成为职业教育发展的必然。为适应新修订的人才培养目标，培养具有较高职业素养的技术技能型人才，本书以岗位职业能力为标准，结合学校实践教学编写而成。

车工实训是高职院校机械类专业学生必修的实训课程之一，也是机械加工实训的基础，是实现"1+X"证书制度的重要途径。通过实训，学生可熟练操作机床，并达到《国家职业技能标准：车工》的技能要求，为以后从事相关职业奠定基础。

本书在编写时努力贯彻教学改革的有关精神，严格依据教学要求，努力体现以下特色：

(1) 以技能型人才培养为目标，从实际岗位能力需求出发，以实际生产中的典型工作案例为任务，体现生产过程与教学过程对接、生产内容与教学内容对接，注重理论与实践的结合。

(2) 以项目的形式呈现内容，以任务为驱动，按照理实一体化的教学思路编写。

(3) 按照零件的不同类型及《国家职业技能标准：车工》中的具体工作内容来划分项目，以满足不同读者的学习要求。

(4) 尽可能采用图片、表格的形式介绍相关知识，以便于读者理解。

(5) 为了满足读者的考证需求，本书附录中给出了中、高级车工职业资格考试试题。

(6) 遵循职业院校学生的认知规律，坚持以学生为本，以学生掌握技能为主，以学生理解理论知识为辅，删除了烦琐深奥的理论知识，简化了机械部件的工作原理并降低了其难度。

贵州装备制造职业学院陆德光担任本书主编，并负责全书的统稿工作，夏云、杨宇、梁钜敏、吴康平、邓海峰、王玮、吴玉刚参与了编写。其中，陆德光编写项目一的任务 1、2、3 和附录，夏云编写项目一的任务 5、6，杨宇编写项目二的任务 1、2、3，梁钜敏编写项目三，吴康平编写项目四，邓海峰编写项目五，王玮编写项目二的任务 4，吴玉刚编写项目一的任务 4。

本书在编写过程中得到了贵州装备制造职业学院领导与同事的大力支持和帮助，在此表示衷心的感谢。

由于编者水平有限，加之时间仓促，书中难免有不足之处，恳请专家和广大读者批评指正。

编 者

2022 年 1 月

目　　录

项目一　金属切削加工基础

 学习目标

(1) 掌握机床操作安全知识及保养知识。
(2) 知道切削运动、切削用量。
(3) 掌握车刀的常见材料及安装。
(4) 了解金属切削过程的基本规律。
(5) 知道机床的相关知识。
(6) 掌握机械加工工艺的基本知识。

任务 1　安全文明生产及车床维护保养

◆ 【任务导入】

(1) 熟知车床的操作规程。
(2) 掌握车工的文明生产。
(3) 掌握车工安全防范技术。
(4) 学会车床的维护保养。

◆ 【任务分析】

普通车工实训是机械专业的核心专业课。对于高职院校的学生来说，熟练规范地操作机床并达到中、高级技能水平是适应岗位职业要求的终极目标。学生进行机床实践操作时，必须遵守操作规程，做到安全文明生产，能够自觉做到企业的 7S 要求，使安全、优质、规范的企业文化在工作之中根深蒂固。

◆ 【任务实施】

一、车床的操作规程

(1) 开机前检查车床各部分机构是否完整，各手柄位置是否正确。检查所有注油孔，并进行润滑。然后低速运行两分钟，查看运转是否正常(在冬天进行预运转尤为重要)。若发现机床有异常响声，立即关机，进行检查处理(在手柄位置正确的情况下)。

(2) 熟悉图样和工艺文件，明确技术要求。如有问题，应及时与有关部门联系。

(3) 在车削前检查毛坯的余量(特别是铸件)是否足够。

(4) 在使用三爪自动定心卡盘或四爪单动卡盘装夹工件时，必须确认装夹牢固，方可慢速试车。装夹较重、较大工件时，必须在机床导轨面上垫上木板，防止工件突然下坠。

(5) 切削时，要正确选用各类车刀。当刀用钝(如溅火星、切屑呈锯齿形)时，不能继续切削，以防止加重机床负荷，损坏车床并使车削零件表面粗糙。

(6) 根据工件材质、硬度、车削余量大小，合理选择进给量及背吃刀量。

(7) 工作时不能任意让车床空转。不无故离开机床。若要离开机床，必须将机床关闭并切断电源。

(8) 批量生产时，第一件零件车削完工后需得到检验认可，盖合格章，方可继续车削，以免造成批量零件报废。

(9) 工作结束后，将所有用过的物件擦干净并归位。清除车床上的切屑，擦干净车床后按照规定在加油部位加注润滑油。

二、车工的文明生产

(1) 工作时所用的工具、夹具、量具及车削工具，应尽可能集中在操作者可接触的范围内。量具不能放在机床的导轨面上。

(2) 工具箱内应分类布置，不能将量具与刀具放在同一层内。较重的工具应放在下面。工具箱应保持清洁、整齐。

(3) 加工图样、工艺卡片应夹在工作盘上，便于阅读，并保持图样的整洁与完整。

(4) 工件毛坯、已车削工件要分开堆放。

(5) 机床周围应经常保持畅通、清洁。

(6) 量具用完后擦干净、涂油，放入盒内并及时归还工具室。

三、车工安全防范技术

坚持安全文明生产是保障生产工人和设备的安全、防止工伤和设备事故的根本保证，同时也是工厂进行科学管理的一项十分重要的手段。它直接影响人身安全、产品质量和生产效率，影响设备和工、夹、量具的使用寿命以及操作工人技术水平的正常发挥。安全文明生产的一些具体要求是长期生产活动中的实践经验和血的教训总结，要求操作者必须严格执行。

(1) 工作前，要穿好工作服，扎紧袖口。女同志应戴工作帽，将长发塞入帽子里。夏季禁止穿裙子、短裤和凉鞋上机操作。

(2) 工作时，头不能离工件太近，以防止切屑飞入眼内。

(3) 工作时，必须集中精力，注意手、身体和衣服不能靠近正在旋转的机件。

(4) 工件和车刀必须装夹牢固，否则会飞出伤人。卡盘必须有保险装置。装夹好工件后，卡盘扳手应立即从卡盘上取下。

(5) 车床运转时不得用手去触摸工件表面，尤其是加工螺纹时，严禁用手抚摸螺纹表面，以免伤手。严禁用棉纱擦抹转动的工件。

(6) 用专用铁钩清除切屑，决不允许用手直接清除。

(7) 毛坯料从主轴孔尾端伸出不能太长，并应使用料架和挡板，防止甩弯后伤人。

(8) 不得用手去刹住转动着的卡盘。

(9) 不要随意拆装电气设备，以免发生触电事故。

(10) 工作中如发现车床、电气设备有故障，应立即停车并切断电源后及时向指导老师报告。

(11) 开机前检查车床各部分机构是否完好、各手柄位置是否正确，检查各注油孔并进行润滑。然后使主轴空转约 2 分钟，待车床运转正常后才能工作。若发现机床有异常响声，立即关机。

(12) 主轴变速必须先停机，变换进给箱手柄要在低速时进行。为保持丝杠的精度，除车削螺纹外，不得使用丝杠进行机动进给。

(13) 正确使用并爱护刀具、量具、工具，放置要稳妥、整齐、合理，有固定的位置，便于操作时取用，用后应放回原处。

(14) 工具箱内应分类摆放物件。重物放下层，轻物放上层，不可随意乱放，以免损坏和丢失。

(15) 不允许在卡盘和床身导轨上敲击或校正工件，机床上不准放置工件或工具。

(16) 工作场地周围应保持清洁整齐，避免杂物堆放，防止操作人员绊倒。

(17) 工作完毕后，将所用过的物件擦净归位，清理机床，刷去切屑，把车床打扫干净；将床鞍摇至床尾一端，各转动手柄放到空挡位置，关闭电源。

四、车床的维护保养

车床工作过程中，零件之间的摩擦会使其产生热量，如不适时进行合理的润滑，必将影响车床的正常运转，加速零部件的磨损，影响加工质量，甚至损坏车床。为了充分发挥车床的作用，减少故障的发生，延长车床的使用寿命，必须做好车床的日常维护保养工作。

1. 工作前

(1) 检查交接班记录本。

(2) 严格按照设备润滑图表的规定进行加油，做到定时、定量、定质。

(3) 停机 8 小时以上的设备，在启动设备后要先低速运行 3～5 分钟，确认润滑系统畅通，各部位运转正常，方可开始工作。

2. 工作中

(1) 经常检查设备各部位的运转情况和润滑系统的工作情况。如果有异常情况，立即通知指导教师及时处理。

(2) 各导轨面和防护罩上严禁放置工具、工件和金属物品，严禁踩踏导轨面。

3. 工作后

(1) 擦除导轨面上的铁屑及冷却液，丝杠、光杠上应无油污。

(2) 清扫设备周围的铁屑、杂物。

(3) 进行车床润滑保养。

(4) 认真填写交接班记录表。

◆ 【任务评价】

车床操作及维护保养评分表如表 1-1 所示。

表 1-1 车床操作及维护保养评分表

序号	项目	配分	评分标准	评测结果	得分
1	车床的启动练习	10	是否合格		
2	车床的停止练习	10	是否合格		
3	主轴正、反转练习	10	是否合格		
4	主轴变速操作练习	10	是否合格		
5	进给箱的变速操作	10	是否合格		
6	手动进给练习	10	是否合格		
7	尾座的操作	10	是否合格		
8	刀架操作	10	是否合格		
9	日常保养操作	10	是否合格		
10	执行安全文明生产规定	10	是否规范		
	总分	100			

任务 2 金属切削运动

◆ 【任务导入】

(1) 知道零件表面的形成方式。
(2) 了解切削过程中的运动。
(3) 掌握切削运动的三要素。

◆ 【任务分析】

机械制造过程是工艺设计要求的实现过程。在这一过程中，针对不同的要求可以采用不同的加工方法，如铸造、锻压、焊接、机械加工、热处理等。机械加工是根据具体的设计要求选用相应的切削加工方法，即在机床上通过刀具与工件的相对运动，从工件毛坯上切除多余金属，使其成为符合要求的，具有一定形状、尺寸的表面的过程。因此，机械加工过程就是工件表面的成形过程。

机械零件不论如何复杂，其形状都是由各种表面组成的。零件的切削加工，实际上是使各种加工表面成形。

◈ 【任务实施】

一、零件表面的成形

1. 零件表面的形状

如图 1-1 所示，不管机械零件的表面多么复杂，其常用的组成表面都是平面、圆柱面、圆锥面、成形面(如螺纹表面、齿轮渐开线齿形表面等)、球面、圆环面、双曲面等。

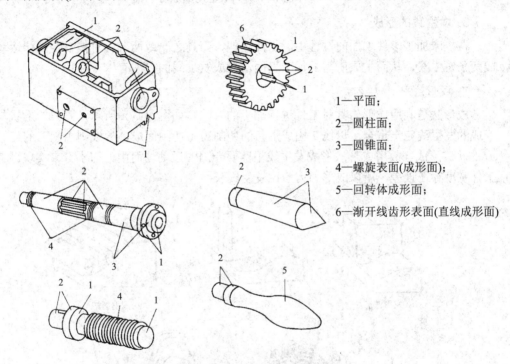

1—平面；

2—圆柱面；

3—圆锥面；

4—螺旋表面(成形面)；

5—回转体成形面；

6—渐开线齿形表面(直线成形面)

图 1-1 机械零件上常用的各种典型表面

2. 零件表面的成形方法

各种典型表面都可以看成一条线(母线)沿着另一条线(导线)运动的轨迹。母线和导线统称为形成表面的发生线。如图 1-2(a)所示，平面是母线 1 沿导线 2 移动而形成的，直线 1、2 是形成平面的发生线。如图 1-2(b)所示，圆柱面是直线 1 沿圆 2 运动而形成的，直线 1 和圆 2 都是圆柱面的两条发生线。

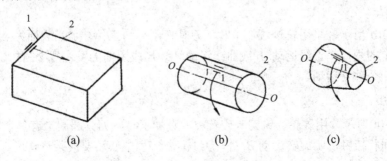

(a)   (b)   (c)

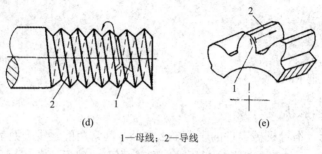

(d)　　　　　　　　　　　　　　(e)

1—母线；2—导线

图1-2　零件表面的成形

3. 发生线的形成

在机床加工零件表面的过程中，需要工件、刀具之一或两者同时按一定规律运动，形成两条发生线，从而生成所需的加工表面。形成发生线的方法有以下4种。

1) 成形法

成形法是利用成形刀具对工件进行加工的方法。如图 1-3(a)所示，刀刃的形状与需要形成的发生线完全重合，母线 2 由成形刀的切削刃 1 切削而成，导线则由刨刀的直线运动 A_1 的轨迹形成。故用成形法形成发生线不需要专门的运动，而由刀刃本身来实现。考虑到工件宽度存在误差，所以成形刀刃应比发生线长。

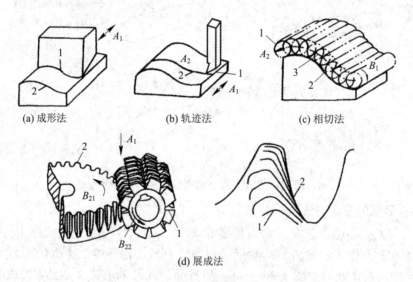

(a) 成形法　　　　　　(b) 轨迹法　　　　　　(c) 相切法

(d) 展成法

图1-3　形成发生线所需的运动

2) 轨迹法

如图 1-3(b)所示，采用轨迹法加工时，刀具切削刃与工件被加工表面为点接触，此接触点 1 按一定的规律作直线运动 A_1 或曲线运动 A_2，形成所需的发生线 2。故用轨迹法形成发生线需要一个独立运动。

3) 相切法

如图 1-3(c)所示，用砂轮、铣刀等旋转类刀具加工时，刀具圆周上有多个切削点 1 依次与工件表面相接触，除旋转运动 B_1 外，刀具(或砂轮)中心还要沿某一轨迹 3 作运动 A_2，刀具上多个切削点在运动过程中共同形成了发生线 2。故用相切法得到发生线需要几个成形运动。

4) 展成法

展成法是利用工件和刀具作展成切削运动的方法。如图 1-3(d)所示,刀具切削刃为切削线 1,可以是直线(齿条刀)或曲线(插齿刀),它与需要形成的发生线 2 的形状完全不同。切削线 1 与发生线 2 作无滑动的纯滚动,发生线 2 即是切削线 1 的一系列连续运动位置的包络线。在形成发生线 2 的过程中,或者仅由切削刃 1 沿着由它生成的发生线 2 滚动,或者切削刃 1(刀具)和发生线 2(工件)共同完成复合的纯滚动,这种运动称为展成运动。用展成法形成发生线的典型例子就是渐开线的形成。当形成此发生线时,工件的旋转与刀具的旋转(或移动)必须保持严格的运动协调关系,才能形成正确的发生线(渐开线)。因而,用展成法形成发生线需要两个互相联系的复合成形运动 B_{21}、B_{22} 和简单运动 A_1,这两种运动组成了一个复合的展成运动。

在机床上,为获得不同形状的工件表面,必须形成一定的发生线。发生线是由工件与刀具之间的相对运动得到的,这种运动称为表面成形运动,同时还有多种辅助运动。

二、切削运动与切削用量

1. 切削运动

金属切削加工时,工件是机械加工过程中的被加工对象。任何一个工件都要经过由毛坯加工到成品的过程,在这个过程中,要使刀具对工件进行切削加工而形成各种表面,必须使刀具与工件间产生相对运动,这种在金属切削加工中必需的相对运动称为切削运动。以车床加工外圆柱面为例,图 1-4 表示出了车削运动、切削层及工件上形成的表面。切削运动可分为主运动和进给运动两种。

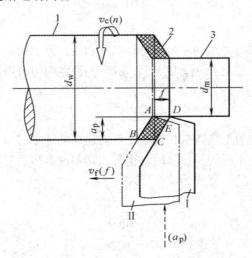

图 1-4　车削运动、切削层及工件上形成的表面

1) 主运动

主运动是切除工件上多余金属层,形成工件新表面所必需的运动,它是切削加工中最基本、最主要的运动,通常它的速度最高,消耗的机床功率最多,如车削加工、镗削加工

时工件的回转运动，铣削加工和钻削加工时刀具的回转运动，刨削加工时刨刀的直线运动。

2) 进给运动

进给运动是把被切削金属层间断或连续投入切削的一种运动，与主运动相配合即可不断地切除金属层，获得所需的表面。进给运动的特点是速度低，消耗功率小，可由一个或多个运动组成。图 1-4 所示外圆车削中沿工件轴向的纵向进给运动是连续的，沿工件径向的横向进给运动是间断的。

3) 切削层

切削层是指切削时刀具切削工件一个单行程所切除的工件材料层。如图 1-4 所示，当工件旋转一周回到原来的平面时，由于刀具纵向进给运动是连续的，因此刀具从位置 I 移动到了位置 II，在两个位置间形成的工件材料层(图中 *ABCD* 区域)就是切削层。

2. 工件的切削表面

工件在切削过程中形成了 3 个表面。其中，待加工表面是指工件上即将被切削掉的表面，过渡表面是工件上切削刃正在切削的表面，已加工表面是指工件上经切削加工后形成的表面，如图 1-5 所示。

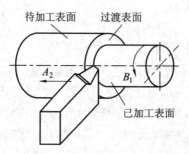

图 1-5　切削过程中形成的表面

3. 切削用量

刀具与工件之间有了相对运动才可以进行切削加工。用来衡量切削运动大小的参数称为切削用量。切削速度、进给量和背吃刀量(切削深度)称为切削用量的三要素。只有合理地确定切削用量才能顺利地进行切削。

1) 切削速度 *v*

切削速度是刀具切削刃上选定点相对于工件主运动的速度，单位为 m/min 或 m/s。切削刃上各点的切削速度是不同的，计算时常用最大切削速度代表刀具的切削速度。外圆车刀车削外圆时的切削速度的计算式为

$$v = \frac{\pi d_{\mathrm{w}} n}{1000}$$

式中：d_{w}——工件待加工表面的直径(mm)；
　　　n——工件的转速(r/s)。

2) 进给量 *f*

刀具在进给运动方向上相对于工件的位移量称为进给量。不同的加工方法，由于所用刀具和切削运动形式不同，因此进给量的表述和度量方法不同。进给量的单位是 mm/r(用

于车削、镗削等)或 mm/行程(用于刨削、磨削等)。进给量表示进给运动的速度。进给运动速度还可以用进给速度 v_f(单位是 mm/s)或每齿进给量 f_z(用于铣刀、铰刀等多刃刀具,单位是 mm/齿)表示。一般地,有

$$v_f = nf = nzf_z$$

式中：n——主运动的转速(m/min)；

　　　z——刀具齿数。

3) 背吃刀量(切削深度)a_p

背吃刀量是指在垂直于主运动方向和进给运动方向的工作平面内测量的刀具切削刃与工件切削表面的接触长度。对于外圆车削,背吃刀量为工件上已加工表面和待加工表面间的垂直距离,单位为 mm,即

$$a_p = \frac{1}{2}(d_w - d_m)$$

式中：d_w——工件待加工表面的直径(mm)；

　　　d_m——工件已加工表面的直径(mm)。

4. 切削层参数

刀具切削刃在一次进给中,从工件待加工表面上所切除的一层金属层称为切削层。图 1-6 中给出了切削层参数。其截面尺寸除决定刀具承受负荷的大小外,还影响切削力、刀具磨损、表面质量和生产效率。切削层参数可用以下 3 个参数表示。

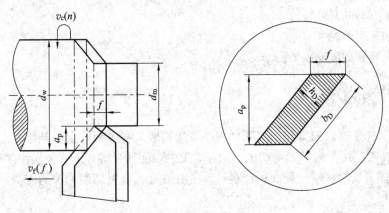

图 1-6　切削层参数

(1) 切削层公称厚度(切削厚度,h_D)：是指垂直于工件加工表面测量的切削层横截面尺寸。

(2) 切削层公称宽度(切削宽度,b_D)：是指平行于工件加工表面测量的切削层横截面尺寸。

(3) 切削层公称横截面面积(切削面积,A_D)：是指工件被切下的金属层沿垂直于主运动方向所截取的横截面积。

◆ 【任务评价】

切削运动操作识别评分表如表 1-2 所示。

表 1-2 切削运动操作识别评分表

序号	项目	配分	评分标准	测评结果	得分
1	车床横向操作	10	是否规范		
2	车床进给操作	10	是否规范		
3	识别主运动、进给运动	20	能否判别		
4	识别切削速度	10	能否指出		
5	识别进给量	10	能否指出		
6	识别被吃刀量	10	能否指出		
7	执行安全文明生产规定	30	是否规范		
总分		100			

任务 3 金属切削刀具

◆ 【任务导入】

(1) 熟知常用刀具的材料及分类。
(2) 熟知刀具的几何角度。
(3) 熟知车刀的种类。
(4) 会安装和刃磨 90° 外圆车刀。

◆ 【任务分析】

金属切削加工时，刀具与加工工件表面直接接触，将多余的金属从工件上切除，刀具的材料、刀具的几何参数等影响切削的效率、工件表面质量等。了解金属切削刀具的知识，能够正确选择刀具的材料、种类和形状等，是有效进行金属切削加工的前提。

◆ 【任务实施】

一、刀具材料

1. 常用刀具材料应具有的性能

金属切削过程中，刀具切削部分在高温下承受着很大的切削力与剧烈摩擦，切削工作时，还伴随着冲击与振动，引起切削温度的波动。因此，刀具切削部分的材料应具有良好的机械和物理化学性能，主要是：

1) 高硬度

刀具材料的硬度必须高于被加工材料的硬度，一般刀具材料在室温下都应具有 60HRC

以上的硬度。

2) 高耐磨性

刀具与工件之间有很大的相对运动速度,产生的摩擦很大,需要很高的耐磨性,一般来说材料硬度越高耐磨性越好。

3) 足够的强度与韧性

切削时刀具和工件间产生很大的切削力,同时又有较大的冲击力,故要求刀具材料要有足够的强度与韧性来保证刀具不产生破坏。

4) 高的耐热性

高耐热性是指在高温下仍能维持刀具切削性能的一种特性,通常用高温硬度值来衡量,也可用刀具切削时允许的耐热温度值来衡量。它是影响刀具材料切削性能的重要指标。耐热性越好的材料允许的切削速度越高。

刀具材料还需有较好的工艺性与经济性。工具钢应有较好的热处理工艺性,淬火变形小,淬透层深、脱碳层浅;高硬度材料需有可磨削加工性;需焊接的材料,宜有较好的导热性与焊接工艺性。此外,在满足以上性能要求的同时,宜尽可能满足资源丰富、价格低廉的要求。

2. 刀具材料种类

当前使用的刀具材料分四大类:工具钢(包括碳素工具钢、合金工具钢、高速钢)、硬质合金、陶瓷、超硬刀具材料。一般机加工使用最多的是高速钢与硬质合金。表 1-3 是常用刀具材料的分类与主要性能。

表 1-3 常用刀具材料的分类与主要性能

材 料 种 类		硬度 HRC(HRA)[HV]	抗弯强度 σ_{bb}/GPa	冲击韧度 a_k/(MJ·m^{-2})	热导率 λ/(W·m^{-1}·K^{-1})	耐热性/℃
工具钢	碳素工具钢	60~65(81.2~84)	2.16	—	41.87	200~250
	合金工具钢		2.35	—		300~400
	高速工具钢	63~70(83~86.6)	1.96~4.41	0.098~0.588	16.75~25.1	600~700
硬质合金	钨钴类	(89~91.5)	1.08~2.16	0.019~0.059	75.4~87.9	800
	钨钴钛类	(89~92.5)	0.88~1.37	0.0029~0.0068	20.9~62.8	900
陶瓷	氧化铝陶瓷	(91~95)	0.44~0.686	0.049~0.017	4.19~20.93	1200
	氮化硅陶瓷	[5000]	0.735~0.83		37.68	1300
超硬材料	立方氮化硼	[8000~9000]	0.294		75.55	1400~1500
	人造金刚石	[10 000]	0.21~0.48		146.54	700~800

1) 工具钢

碳素工具钢和一般合金工具钢耐热性差,但抗弯强度高,价格便宜,焊接与刃磨性能好,故广泛用于中、低速切削的成形刀具,不宜用于高速切削。在生产实际中应用广泛的是含有 W、Mo、Cr、V 等合金元素较多的合金工具钢称为高速钢,它可分为:

(1) 普通高速钢。这类高速钢应用最为广泛，约占高速钢总量的 75 %，碳的质量分数为 0.7 %～0.9 %，硬度 63～66HRC。按钨、钼质量分数的不同，分为钨系、钨钼系和钼系，主要牌号有以下三种：W18Cr4V(18-4-1)钨系高速钢、W6Mo5Cr4V2(6-5-4-2)钨钼系高速钢和 W9Mo3Cr4V(9-3-4-1)钼系高速钢。其中，前两种是国内外普遍应用的牌号，9Mo3Cr4V(9-3-4-1)高速钢是根据我国资源研制的牌号，其抗弯强度与韧性均比 6-5-4-2 好，不但高温热塑性好，而且淬火过热、脱碳敏感性小，有良好的切削性能。

(2) 高性能高速钢。高性能高速钢是指在普通高速钢中添加了钒、钴或铝等合金元素的高速钢。

(3) 粉末冶金高速钢。粉末冶金高速钢是通过高压惰性气体或高压水雾化高速钢水而得到的细小的高速钢粉末，然后压制或热压成形，再经烧结而成的高速钢。

(4) 表面涂层高速钢。表面涂层高速钢是采用物理气相沉积(PVD)方法，在刀具表面涂覆 TiN 等硬膜，以提高刀具性能的新工艺。

2) 硬质合金

硬质合金是由硬度和熔点很高的碳化物(称为硬质相)和金属(称为黏结相)通过粉末冶金工艺制成的。硬质合金刀具中常用的碳化物有 WC、TiC、TaC、NbC 等。硬质合金按其化学成分与使用性能分为四类：钨钴类(WC＋Co)、钨钛钴类(WC＋TiC＋Co)、添加稀有金属碳化物类(WC＋TiC＋TaC(NbC)＋Co)及碳化钛基类(TiC＋WC＋Ni＋Mo)。其常用牌号、性能和用途，如表 1-4 所示。

表 1-4　硬质合金常用的牌号、性能和用途

类型	牌号		化学成分			力学性能		使用性能			使用范围	
	YS	ISO	C	TiC	Co	硬度 HRC	抗弯强度 σ_{bb}/GPa	耐磨	耐冲击	耐热	材料	加工性质
钨钴类 (K 类)	YG3	K01	97	—	3	78	1.08	↑	↓	↑	铸铁 有色 金属	无冲击的精加工、半精加工
	YG6X	K05	94	—	6	78	1.37					精/半精加工
	YG6	K10	94	—	6	75	1.42					精/半精加工
	YG8	K20	92	—	8	74	1.47					粗加工、半精加工
	YG8C	K30	92	—	8	72	1.72					间断切削粗加工
钨钴钛类 (P 类)	YT30	P01	66	30	4	80.5	0.88	↓	↑	↓	碳钢 合金 钢等	连续切削精加工
	YT15	P10	79	15	6	78	1.13					连续粗加工
	YT14	P20	78	14	8	77	1.17					间断半精加工
	YT5	P30	85	5	10	74	1.37					粗加工

(1) YG 类硬质合金(GB2075—87 中的 K 类)。YG 类合金抗弯强度与韧性比 YT 类高，可减少切削时的崩刃，但耐热性比 YT 类差，故主要用于加工铸铁、有色金属与非金属材料。

(2) YT 类硬质合金(GB2075—87 中的 P 类)。YT 类合金有较高的硬度，特别是较高的耐热性、较好的抗黏结、抗氧化能力。它主要用于加工以钢为代表的塑性材料。

(3) YW 类硬质合金(GB2075—87 中的 M 类)。YW 类合金加入了适量稀有难熔金属碳化物，以提高合金的性能。其中效果显著的是加入 TaC 或 NbC，一般质量分数在 4 %左右。

(4) YN 类硬质合金(GB2075—87 中的 P01 类)。YN 类合金是碳化钛基类，它以 TiC 为主要成分，Ni、Mo 作黏结金属。适合高速精加工合金钢、淬硬钢等。

3) 陶瓷刀具材料

陶瓷是以氧化铝或氮化硅等为主要成分，经压制成形后烧结而成的刀具材料。它的硬度高、物理化学性能好、耐氧化，应用于高速切削加工中，由于它抗弯强度不高、韧性差，主要用于精加工中。其主要特点是：可加工硬度高达 65HRC 的难加工材料，耐热性高达 1200℃，化学稳定性好，与金属的亲和力小，切削速度与硬质合金相比提高 3～5 倍，由于它硬度高，耐磨性好，刀具的耐用度高，切削效率提高 3～10 倍。

4) 超硬刀具材料

超硬刀具材料主要有金刚石和立方氮化硼，用于超精加工及硬脆材料加工。

(1) 金刚石。金刚石有天然及人造金刚石两大类，多用人造金刚石作为刀具及磨具材料。

(2) 立方氮化硼。立方氮化硼(CBN)是 70 年代才发展起来的一种人工合成的新型刀具材料。氮化硼在高温、高压下加入催化剂转变而成的。其硬度很高(可达 8000 HV～9000 HV)仅次于金刚石，并具有很好的热稳定性，可承受 1000 ℃以上的切削温度。它的最大优点是在高温(1200～1300 ℃)时也不会与铁族金属起反应。因此，既能胜任淬硬钢、冷硬铸铁的粗车和精车，又能胜任高温合金、热喷涂材料、硬质合金及其他难加工材料的高速切削。

二、刀具的几何角度

1. 刀具切削部分的组成

金属切削加工所用刀具种类繁多，形状各异，但切削部分在几何特征上都有相同之处。外圆车刀的切削部分可作为其他各类刀具切削部分的基本形态，其他各类刀具就其切削部分而言，都可以看成是外圆车刀切削部分的演变。因此，以外圆车刀切削部分为例，来确定刀具几何参数的有关定义。

图 1-7 所示为普通外圆车刀的结构，车刀分为刀头和刀柄两大部分。

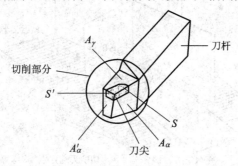

图 1-7　车刀的组成

刀柄用于将车刀装夹在刀架上。刀头是车刀的切削部分，它由以下几个要素组成：

(1) 前刀面 A_γ：刀具上切削流过的表面。

(2) 后刀面 A_α：分主后刀面和副后刀面，与工件的加工表面相对的刀面称为主后刀面；与工件的已加工表面相对的刀面称为副后刀面。

(3) 副后面 k'_α：刀具上与工件已加工表面相对的表面。

(4) 主切削刃 S：前刀面和主后刀面的相交部位，他担负主要的切削工作。

(5) 副切削刃 S'：前刀面和副后刀面的相交部位，他配合主切削刃完成少量的切削工作。

(6) 刀尖：指主切削刃与副切削刃的连接处相当少的部分切削刃。为了提高刀尖强度，延长车刀寿命，很多刀具将刀尖磨成圆弧形过渡刃，一般硬质合金车刀的刀尖圆弧半径为 0.5~1 mm。图 1-8 所示为刀尖的类型。

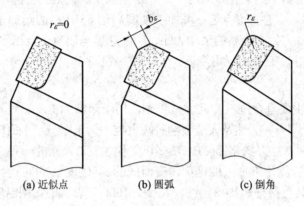

(a) 近似点　　　　(b) 圆弧　　　　(c) 倒角

图 1-8　刀尖的类型

2. 刀具切削部分的几何角度

为确定刀具切削部分的几何角度，必须建立一定的空间参考坐标系和参考坐标平面。刀具角度的参考系有两种：静止参考系和工作参考系。刀具静止参考系是用来定义刀具设计、制造、刃磨和测量时几何参数的参考系。静止参考系的确定有两个假定条件：一是不考虑进给运动的大小，只考虑其方向，这时合成切削运动方向就是主运动方向；二是刀具的安装定位基准与主运动方向平行或垂直，刀柄的轴线与进给运动方向平行或垂直。本部分主要介绍刀具静止参考系中常用的正交平面参考系，如图 1-9 所示。

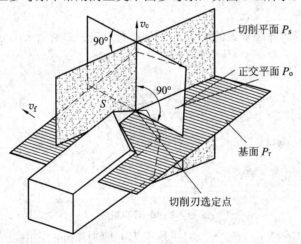

图 1-9　正交平面参考系

(1) 基面(P_r)：过切削刃选定点平行或垂直刀具上的安装面(轴线)的平面，车刀的基面可理解为平行刀具底面的平面。

（2）主切削平面（P_s）：过切削刃选定点与切削刃相切并垂直于基面的平面。

（3）正交平面（P_o）：过切削刃选定点同时垂直于切削平面与基面的平面。

如图 1-10 所示，在刀具静止参考系中定义的角度称为刀具标注角度。

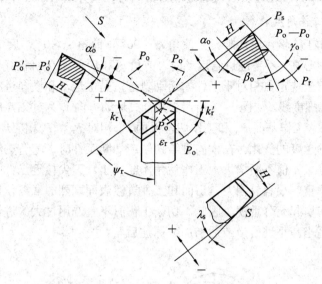

图 1-10　正交平面参考系内刀具标注角度

（1）前角（γ_o）：前刀面和基面之间的夹角。前角影响刃口的锋利程度和强度，影响切削变形和切削力。前角增大，能使车刀刃口锋利，减小切削变形，可使切削省力，并使切屑顺利排出，负前角能增加切削刃强度并且耐冲击。

（2）后角（α_o）：后刀面和切削平面之间的夹角。后角的主要作用是减小车刀后面与工件的摩擦。

（3）主偏角（k_r）：主切削刃在基面上的投影与进给运动方向之间的夹角。主偏角的主要作用是改变主切削刃和刀头的受力及散热情况。

（4）副偏角（k_r'）：副切削刃在基面上的投影于背离进给运动方向间的夹角。副偏角的主要作用是减小副切削刃与工件已加工表面的摩擦。

（5）刃倾角（λ_s）：主切削刃与基面之间的夹角。刃倾角的主要作用是控制排屑的方向，当刃倾角为负值时，可增加刀头的强度和车刀受冲击时保护刀尖。

（6）楔角（β_o）：在主正交平面内前刀面与后刀面之间的夹角。它影响刀头的强度。

（7）刀尖角（ε_r）：主切削刃和副切削刃在基面上的投影之间的夹角。它影响刀尖强度和散热性。

3. 刀具的工作角度

刀具的工作角度是刀具在工作时的实际切削角度，即在考虑刀具的具体安装情况和运动影响的条件下而确定的刀具角度。在大多数情况下，普通车削、镗孔、端面铣削等，由于进给速度远小于主运动速度，刀具工作角度与标注角度相差无几，两者的差别可不予考虑。但当切削大螺距丝杠和螺纹、铲背、切断以及钻孔分析钻心附近的切削条件或刀具的特殊安装时，需要计算刀具的工作角度，其目的是使刀具的工作角度得到最合理值，据此换算出刀具的标注角度，以便于制造或刃磨。刀具的工作参考系是依据合成切削运动方向来确定的。

1) **刀具工作参考系平面**

(1) 工作基面：通过切削刃选定点并与合成切削速度方向相垂直的平面。

(2) 工作切削平面：通过切削刃选定点与切削刃相切并垂直于工作基面的平面。

2) **进给量对工作角度的影响**

以切断车刀加工为例，设切断刀主偏角 $k_r = 90°$，前角 $\gamma_o > 0°$，后角 $\alpha_o > 0°$，安装时刀尖对准工件的中心高。不考虑进给运动时，前角 γ_o 和后角 α_o 为标注角度。当考虑横向进给运动后，切削刃上选定点相对于工件的运动轨迹，是主运动和横向进给运动的合成运动轨迹，为阿基米德螺旋线，如图 1-11 所示。其合成运动方向 v_e 为过该点的阿基米德螺旋线的切线方向。因此，工作基面 P_{re} 和工作切削平面 P_{se} 相对 P_r 和 P_s 相应地转动了一个 μ 角，结果引起切断刀的角度的变化。在横向进给切削或切断工件时，随着进给量 f 值的增加和加工直径 d 的减小，μ 值不断增大，工作后角不断减小，刀尖接近工件中心位置时，工作后角的减小特别严重，很容易因刀具后面和工件过渡表面剧烈的摩擦使切削刃崩碎或工件被挤断，切削中应引起充分重视。因此，切断工作时不宜选用过大的进给量 f，或在切断接近结束时，应适当减小进给量或适当加大标注后角。

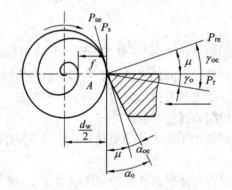

图 1-11　横向进给运动对工作角度影响

3) **刀具安装位置对工作角度的影响**

(1) 刀具安装高低的影响。如图 1-12 所示，在外圆横车时，忽略进给运动的影响，并假定 $k_r = 90°$，$\lambda_s = 0°$ 时，当刀尖安装高于工件中心时，工作切削平面和工作基面将转过 θ 角，使工作前角增大、工作后角减小。当刀尖安装低于工件中心时，刀具工作角度的变化则相反。内孔镗削时的角度变化情况恰好与外圆车削时的情况相反。

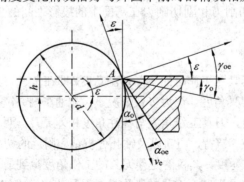

图 1-12　刀具安装高于工件中心的影响

(2) 刀杆轴线与进给运动方向不垂直的影响。如图 1-13 所示，当刀杆的轴线与进给运动方向不垂直时，如果刀杆右斜，使工作主偏角 k_{re} 增大，工作副偏角 k'_{re} 减小；如果刀杆左斜，使工作主偏角 k_{re} 减小，工作副偏角 k'_{re} 增大。车削锥面时，进给方向与工件轴线不平行，也会使实际的主偏角和副偏角发生变化。

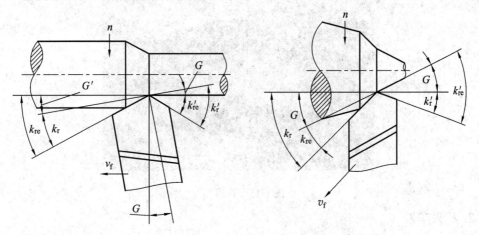

图 1-13　刀杆轴线与运动方向不垂直对工作角度的影响

三、车刀的种类

车刀是指在车床上使用的刀具，应用广泛。按结构来分类，可分为整体式、焊接式、机夹式和可转位式等四种形式；按加工表面特征来分类，可分为外圆车刀、内孔车刀、端面车刀、车槽和切断车刀、螺纹车刀、成形车刀等。图 1-14 所示为常用车刀的形式。

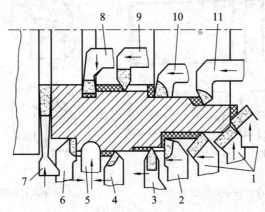

1—45°端面车刀；2—90°外圆车刀；3—外螺纹车刀；4—75°外圆车刀；
5—成形车刀；6—90°左切外圆车刀；7—切断车刀；8—内孔车槽刀；
9—内螺纹车刀；10—92°内孔车刀；11—75°内孔车刀
图 1-14　车刀的形式与用途

1. 焊接车刀

如图 1-15 所示，焊接车刀是由刀片和刀柄通过镶焊连接成一体的车刀。一般刀片选用硬质合金，刀柄用 45 钢，刀柄上预先按刀片规格形状铣出刀槽，结构简单，使用灵活。选购焊接车刀时，应考虑车刀形式、刀片材料与型号、刀柄材料、外形尺寸及刀具几何参数等。焊接车刀的刀片型号、刀槽的形状和尺寸、刀杆及刀头的形状可参考相关资料。

图 1-15　焊接车刀

2. 机夹车刀

图 1-16 所示为常用机夹车刀的结构。机夹车刀是指用机械的方法定位、加紧刀片，通过刀片体外刃磨与安装倾斜后，综合形成刀具角度的车刀。使用中刃口磨损后需进行重磨。机夹车刀可用于加工外圆、端面、内孔，特别在车槽刀、螺纹车刀、刨刀方面应用较广。

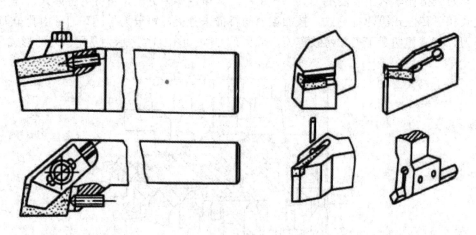

(a) 硬质合金机夹车刀　　　　　　　　(b) 机夹车刀结构

图 1-16　机夹车刀

机夹车刀的优点在于避免焊接引起的缺陷，刀柄能多次使用，刀具几何参数设计选用灵活。采用集中刃磨对提高刀具质量、方便管理降低费用等方面都十分有利。

机夹车刀的选用特点是：首先，要根据刀具结构来合理选择重磨刀面；其次，刀片进行体外刃磨的角度需按刀片安装与重磨的结构进行计算。

3. 可转位车刀

如图 1-17 所示，可转位车刀由刀片、刀垫、刀柄及杠杆、螺钉等组成。可转位车刀上压制出断屑槽，周边经过精磨，刃口磨钝后可方便地转位换刃，不需重磨。

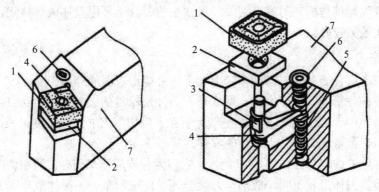

1—刀片；2—刀垫；3—卡簧；4—杠杆；5—弹簧；6—螺钉；7—刀柄

图 1-17　可转位车刀的结构

可转位车刀与焊接车刀比较，其优点有：

(1) 避免焊接、刃磨引起的热应力，提高刀具耐磨及抗破损能力。

(2) 可使用涂层刀片，有合理槽形与几何参数，断屑效果好，能选用较高切削用量，提高生产率。

(3) 刀具已标准化，能实现一刀多用，减少储备量，简化刀具管理等工作。

图 1-18 所示为可转位刀片夹紧结构。图 1-18(a)为杠杆式，定位精度高，调节余量大，夹紧可靠，拆卸方便。图 1-18(b)为螺销上压式，利用压板螺钉和偏心螺销夹紧，夹紧可靠，重复定位精度高。图 1-18(c)为偏心式，夹紧元件小，结构紧凑，夹紧可靠性较差。图 1-18(d)楔钩式，是楔压式和上压式的组合，夹紧可靠，拆卸方便，但重复定位精度低。图 1-18(e)压孔式，结构简单，定位精度高，容屑空间大，对螺钉质量要求高。图 1-18(f)为楔销式，刀片尺寸变化较大时也可夹紧，装卸方便。

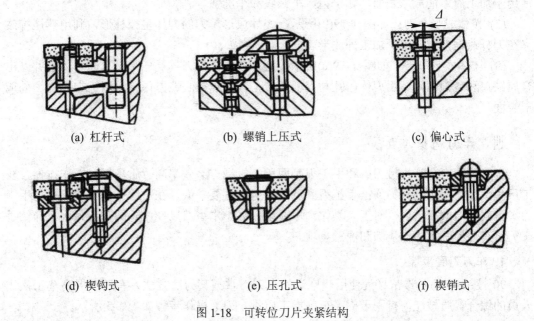

(a) 杠杆式　　　(b) 螺销上压式　　　(c) 偏心式

(d) 楔钩式　　　(e) 压孔式　　　(f) 楔销式

图 1-18　可转位刀片夹紧结构

虽然可转位刀具优点很多,但在刃形、几何参数方面还受刀具结构与工艺的限制,它还不能完全取代焊接与机夹刀具。例如,尺寸小的刀具常采用整体或焊接式,大刃倾角刨刀选用机夹式效果较好。

4. 成形车刀

成形车刀是在普通车床、自动车床上加工内外成形表面的专用刀具,用它能一次切出成形表面,故操作简便,生产率高。用成形车刀加工精度的公差等级可达到 IT10~IT8,表面粗糙度为 10~5 μm。成形车刀制造较为复杂,当切削刃的工作长度过长时,易产生振动,故主要用于批量加工中、小尺寸的零件。

生产中常用的成形车刀如图 1-19 所示,它们为径向成形车刀,它们在切削时沿零件的径向进给。按其刀体形状不同,成形车刀又分为平体成形车刀、棱体成形车刀、圆体成形车刀。

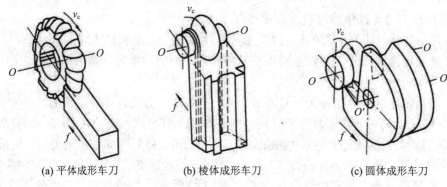

(a) 平体成形车刀   (b) 棱体成形车刀   (c) 圆体成形车刀

图 1-19　径向进给成形车刀

(1) 平体成形车刀:如图 1-19(a)所示,平体成形车刀的刀体形状与普通车刀相似。它常用于加工简单的成形表面,如铲齿、车螺纹和车圆弧等。

(2) 棱体成形车刀:如图 1-19(b)所示,棱体成形车刀的刀体呈棱柱形,利用燕尾榫装夹在刀杆燕尾槽中,用于加工外成形表面。

(3) 圆体成形车刀:如图 1-19(c)所示,圆体成形车刀刀体是一个带孔回转体,并磨出容屑缺口和前刀面,利用刀体内孔与刀杆连接,其特点是制造方便,可用于加工内、外成形表面。

四、车刀刃磨及安装

车刀刃磨可分为机械刃磨和手工刃磨两种。机械刃磨效率高、质量好、操作方便,在工厂里大多数采用机械刃磨;手工刃磨灵活,对设备要求低,在一般小型工厂还采用手工刃磨方式,但效率较低,对工人操作水平要求较高。本小节以 90°外圆车刀为例,介绍手工刃磨车刀的基本操作步骤和注意事项。

1. 车刀刃磨步骤

90°外圆车刀是最常见且使用较广泛的车刀,掌握其刃磨方法,有助于提高车工操作人员的综合素质技能,有利于提高车削加工质量。刃磨操作步骤如表 1-5 所示。

表 1-5　车刀刃磨操作步骤

序号	图　示	步　骤　说　明
1		粗磨主后面，同时磨出主偏角及主后角
2		粗磨副后面，同时磨出副偏角及副后角
3		粗磨前刀面，同时磨出前角
4		精磨前刀面
5		精磨主后刀面和副后刀面
6		修磨刀尖圆弧

2. 刃磨车刀的注意事项

车刀的刃磨分成粗磨和精磨。刃磨硬质合金焊接车刀时还需先将车刀前、后面上的焊渣磨去。刃磨时，需要注意以下几点。

(1) 刃磨车刀时，操作者应站立在砂轮机的侧面，防止砂轮碎裂时，碎片飞出伤人。

两手握车刀，两肘应夹紧腰部，这样可以减小刃磨时的抖动。

(2) 刃磨时，车刀应放在砂轮的水平中心，刀尖略微上翘 3°～8°，车刀接触砂轮后应作左右水平方向移动，车刀离开砂轮时，刀尖需向上抬起，以免磨好的刀刃被砂轮碰伤。

(3) 刃磨车刀时不能用力过大，以防打滑伤手。

(4) 刃磨时必须戴防护眼镜。

(5) 新安装的砂轮必须严格检查，在试转合格后方能使用。

(6) 在平行砂轮上刃磨时应尽量避免在砂轮的端面上刃磨。

(7) 刃磨高速钢车刀时，应及时用水冷却，以防刀刃退火降低硬度。刃磨硬质合金车刀时，不能把刀头部分放入水中冷却，以防刀片崩裂。

(8) 刃磨结束后，应随手关闭砂轮电源。

3. 车刀的安装

车刀安装是否到位直接影响到待加工零件的尺寸精度和表面粗糙度，如果我们忽略车刀正确装夹，就会影响加工质量，甚至损坏刀具和工件。因此，我们在加工前必须正确地安装车刀。

1) 确定车刀的伸出长度

把车刀放在刀架装刀面上，车刀伸出刀架部分的长度约等于刀杆厚度的 1.5 倍，如图 1-20 所示。

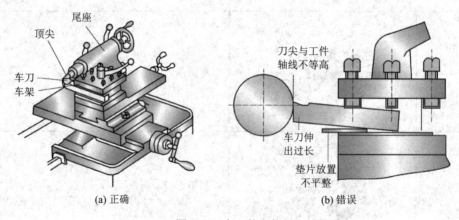

图 1-20　车刀的安装

2) 车刀刀尖对准工件中心的方法

装夹外圆车刀时，车刀刀尖应与工件轴线等高如图 1-21(b)所示，不能高于(如图 1-21(a)所示)或低于工件轴线(如图 1-21(c)所示)。

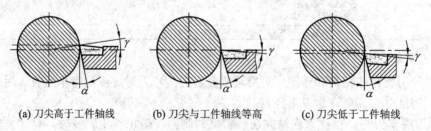

图 1-21　装刀高低与工作角度的关系

装刀时一般先用目测法大致调整对准中心后，再利用尾座顶尖高度或用测量刀尖高度的方法将车刀装至中心。具体操作方法如下：

(1) 目测法。移动床鞍和中拖板，使刀尖靠近工件，目测刀尖与工件中心的高度差，选用相应厚度的垫片放在刀杆下面。选用的垫片必须平整，数量尽可能少，垫片安放时要与刀架面齐平。

(2) 顶尖对准法。使车刀刀尖靠近尾座顶尖中心，根据刀尖与顶尖中心的高度差调整刀尖高度，刀尖应略高于顶尖中心 0.2～0.3 mm，当螺钉紧固时，车刀会被压低，这样刀尖的高度就基本与顶尖的高度一致。

(3) 测量刀尖高度法。用钢直尺将正确的刀尖高度量出，并记下读数，以后装刀时就以此读数来测量刀尖高度进行装刀。另一种方法是将刀尖高度正确的车刀连垫片一起卸下，用游标卡尺量出高度尺寸，记下读数，以后装刀时只要测量车刀刀尖至垫片的高度，读数符合要求即可装刀。

以上三种方法装刀均有一定误差，在一般情况下可以使用，但如车端面、圆锥等要求车刀必须严格对准中心时，就要用车端面的方法进行精确找正。

3) 车刀的紧固

车刀紧固前要目测检查刀杆中心线与工件轴线是否垂直，如不符合要求，要转动车刀进行调整。位置正确后，先用手拧紧刀架螺钉，然后再使用专用刀架扳手将前、后两个螺钉轮换逐个拧紧。切记不可使用加力套管，以防损坏螺钉。

4. 车刀的合理使用

(1) 车刀在刃磨和研磨后，应先检查切削刃有无缺口、锯齿状等缺陷。表面粗糙度等级应比零件要高。

(2) 车刀安装应牢固可靠。刀垫平整，螺钉要紧固。刀尖要对准主轴的中轴线，这对加工直径小的零件、切断或车削端面时尤为重要。一般刀具的刀尖对准零件中心线偏差不大于 ±0.1 mm；车削直径大于 $\phi 100$ mm 的外圆时，刀尖可略高于零件中心线；加工内孔时，刀尖不能高于中心线。

(3) 车刀安装好后，移动刀架和拖板时注意不得让车刀刃与零件或机床碰撞或突然接触。车工往往习惯用零件来校对车刀位置，在刀刃与零件接触时往往会产生微小冲击，使刀片产生细微裂纹，在切削中就会崩刃。

(4) 车刀新刃磨好后，在开始切削前应进行试切，这在批量生产时更显得重要。试切时切削速度和切削深度要比正常加工时降低 25%～20%，走完一次行程，检查刀刃、切屑排除和零件粗糙度等情况。如一切正常，再提高切削用量正式加工。

(5) 在车削过程中，要经常查看刀具磨损情况，并及时用油石研磨刀刃。当在切削表面发现明亮的条状冷作硬化层或切削时发出尖叫声，常常是刀具发生严重磨损的征兆。这时就要重新刃磨刀具，不要等到刀具严重磨损或崩刃了才去刃磨。

如果加工锻、铸件毛坯时，第一刀切削深度要大些，使刀尖深度入表面硬层内，从而避免刀具与硬层直接接触而过早磨损。

(6) 刀具使用完毕要擦拭干净，放入工具箱，用木格分隔开，防止刀具间互相碰撞，损坏刀刃。

◈ 【任务评价】

90°外圆车刀刃磨评分表如表 1-6 所示。

表 1-6　90°外圆车刀刃磨评分表

序号	项　目	配分	评分标准	评测结果	得分
1	粗磨主后面,同时磨出主偏角及主后角	15	是否合格		
2	粗磨副后面,同时磨出副偏角及副后角	15	是否合格		
3	粗磨前刀面,同时磨出前角	15	是否合格		
4	精磨前刀面	10	是否合格		
5	精磨主后刀面和副后刀面	15	是否合格		
6	修磨刀尖圆弧	10	是否合格		
7	执行安全操作注意事项	20	是否规范		
	总分	100			

任务 4　金属切削过程基本规律

◈ 【任务导入】

(1) 了解金属切削变形的过程。

(2) 知道积屑瘤、切削力、切削热对金属切削的影响。

(3) 知道刀具的寿命及耐用度。

(4) 掌握切削用量的选择。

◈ 【任务分析】

利用切削刀具,将多余材料从零件上切除,形成切屑和已加工表面,这一过程中产生一系列的现象,如形成切屑、切削力、切削热与切削温度、刀具磨损等。我们了解、分析、理解切削过程中上述现象的基本规律,可以解决切削过程中的一些具体问题,如刀具几何参数的确定、加工质量及切屑控制等。

◈ 【任务实施】

一、金属切削变形

金属切削过程是指通过切削运动,刀具从工件上切除多余的金属层,形成切屑和已加工表面，得到合格的零件几何形状的过程。在这一过程中，切削层经切削变形形成切屑、产生切削力、切削热与切削温度、刀具磨损等许多现象。我们对这些现象进行研究揭示其机理，探索和掌握金属切削过程的基本规律，从而主动地加以有效的控制。这对保证加工精度和表面质量，提高切削效率，降低生产成本和劳动强度具有十分重大的意义。

1. 切屑形成过程

当切削刃切入工件时，切削层材料会产生弹性变形和塑性变形，最后形成切屑从工件上分离出去。根据切削刃附近工件材料塑性材料变形的情况，可划分为三个切削变形区，如图 1-22 所示。

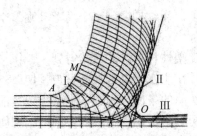

图 1-22 金属切削过程的三个变形区

第 I 变形区。切削层材料在第 I 变形区内会产生强烈的剪切滑移变形，同时出现加工硬化现象。第 I 变形区的宽度仅为 0.02～0.2 mm，切削速度越高，宽度越窄。经过第 I 变形区的变形后，被切除材料层变成切屑，从刀具前面流出。

第 II 变形区。当切屑流经前刀面时，在刀、屑界面上又受到严重挤压、摩擦和塑性变形。第 II 变形区内的挤压、摩擦、变形及其温升，对刀具磨损影响很大。

第III变形区。已加工表面受到刀刃钝圆部分和后刀面的挤压、摩擦，也会产生显著变形和纤维化，该变形区被称为第III变形区，其直接影响加工表面质量和刀具磨损。

2. 切屑的类型

由于工件材料不同，切削过程中的变形程度也就不同，因而产生的切屑种类也就多种多样，如图 1-23 所示。图 1-23(a)至(c)为切削塑性材料的切屑，图 1-23(d)为切削脆性材料的切屑。

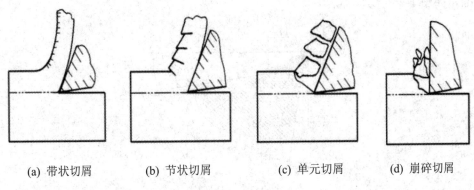

(a) 带状切屑   (b) 节状切屑   (c) 单元切屑   (d) 崩碎切屑

图 1-23 切屑的类型

1) 带状切屑

带状切屑是最常见的一种切屑，如图 1-23(a)所示。它的内表面是光滑的，外表面是毛茸的。如用显微镜观察，在外表面上可看到剪切条纹，每个单元很薄，肉眼看来大体上是平整的。加工塑性金属材料，当切削厚度较小、切削速度较高、刀具前角较大时，一般常得到这类切屑。它的切屑过程平衡，切削力波动较小，已加工表面粗糙度较小。

2) 节状切屑

如图 1-23(b)所示，这类切屑与带状切屑不同之处在外表面呈锯齿形，内表面有时有裂纹。这种切屑一般在切削速度较低、切削厚度较大、刀具前角较小时产生。

3) 单元切屑

如果在节状切屑剪切面上，裂纹扩展到整个面上，则整个单元被切离，成为梯形的单元切屑，如图 1-23(c)所示。

以上三种切屑只有在加工塑性材料时才可能得到。其中，带状切屑的切削过程最平稳，单元切屑的切削力波动最大。在生产中最常见的是带状切屑，有时得到节状切屑，单元切屑则很少见。假如改变节状切屑的条件，如进一步减小刀具前角，减低切削速度，或加大切削厚度，就可以得到单元切屑。反之，则可以得到带状切屑。这说明切屑的形态是可以随切削条件而转化的。掌握了它的变化规律，就可以控制切屑的变形、形态和尺寸，以达到卷屑和断屑的目的。

4) 崩碎切屑

这是属于脆性材料的切屑，这种切屑的形状是不规则的，加工表面是凸凹不平的，如图 1-23(d)所示。从切削过程来看，切屑在破裂前变形很小，和塑性材料的切屑形成机理不同。它的脆断主要是由于材料所受应力超过了它的抗拉极限。加工脆硬材料，如高硅铁、白口铁等，特别是当切削厚度较大时常得到这种切屑。由于它的切削过程很不平稳，容易破坏刀具，也会损伤机床，已加工的表面又粗糙，因此在生产中应力求避免。避免其出现的方法是减小切削厚度，使切屑成针状或片状，同时适当提高切削速度，增加工件材料的塑性。

3. 积屑瘤

在一定的切削速度范围内切削钢料、球墨铸铁或铝合金等塑性金属时，有时在刀具前刀面靠近切削刃的部位粘附着一小块很硬的金属，这就是切削过程中所产生的积屑瘤，也称刀瘤，如图 1-24 所示。

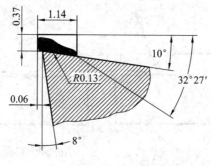

图 1-24　积屑瘤

1) 积屑瘤的形成

切削过程中，由于金属的挤压变形和强烈摩擦，使切屑与前刀面之间产生很大的压力和很高的切削温度。当压力和温度条件适当时，切屑底层与前刀面之间的摩擦阻力很大，使得切屑底层流出速度变得缓慢，形成很薄的一层滞流层。当滞流层与前刀面的摩擦阻力超过切屑内部的结合力时，滞流层的金属与切屑分离而黏附在切削刃附近形成积屑瘤。积屑瘤实质上是在切削过程中发生冷焊的结果。随着切削过程的进行，积屑瘤不断长大，当它达到一定高度后，又因受到切削冲击和振动而会破裂和脱落，被切屑带走或嵌附在工件表面上。这一过程基本上在重复进行。积屑瘤处于稳定状态时，可代替切削刃进行切削。

2) 影响积屑瘤的主要因素

在加工过程中，由于工件材料是被挤裂的，因此切屑对刀具的前面产生很大的压力，并摩擦生成大量的切削热。在这种高温高压下，与刀具前面接触的那一部分切屑由于摩擦力的影响，流动速度相对减慢，形成滞留层。当摩擦力一旦大于材料内部晶格之间的结合力时，滞流层中的一些材料就会黏附在刀具近刀尖的前面上，形成积屑瘤。

由于积屑瘤是在很大的压力、强烈摩擦和剧烈的金属变形的条件下产生的。因而，切削条件也必然通过这些作用而影响积屑瘤的产生、长大与消失。

(1) 工件材料。当工件材料的硬度低、塑性大时，切削过程中的金属变形大，切屑与前刀面间的摩擦系数和接触区长度比较大。在这种条件下，易产生积屑瘤。当工件塑性小、硬度较高时，积屑瘤产生的可能性和积屑瘤的高度也减小，如淬火钢。切削脆性材料时产生积屑瘤的可能性更小。

(2) 刀具前角。刀具前角增大，可以减小切屑的变形、切屑与前刀面的摩擦、切削力和切削热，可以抑制积屑瘤的产生或减小积屑瘤的高度。

(3) 切削速度。切削速度主要是通过切削温度和摩擦系数来影响积屑瘤的。当刀具没有负倒棱时，在极低的切削速度条件下，不产生积屑瘤。随着切削速度增大，相应的切削温度提高，积屑瘤的高度逐渐减小。高速切削时，由于切削温度很高(800 ℃以上)，切屑底层的滑移抗力和摩擦系数显著降低，积屑瘤也将消失。所以我们日常精加工时，为了达到已加工表面较低的粗糙度采用的办法是在刀具耐热性允许范围内的高速切削，或采用低速切削，以防止积屑瘤的产生，提高已加工表面的质量。

(4) 切削厚度。切塑性材料时，切削力、切屑与前刀面接触区长度都将随切削厚度的增加而增大，将增加生成积屑瘤的可能性。所以，在精加工时除选取较大的刀具前角，在避免积屑瘤的产生切削速度范围内切削外，还应采用减小进给量或刀具主偏角来减小切削厚度。

3) 积屑瘤对切削过程的影响

积屑瘤对切削过程会产生一定的影响，主要表现于以下方面：

(1) 保护刀具。金属材料因塑性变形而被强化，所以积屑瘤的硬度比工件材料的硬度高，积屑瘤能代替切削刃进行切削，起到保护切削刃的作用。

(2) 增大工作前角。积屑瘤的存在使刀具实际工作前角增大，可减小切削变形和切削力，切削变得轻快，在粗加工时有利于切削加工。

(3) 影响工件尺寸精度。积屑瘤的顶端会不但伸出切削刃之外，而且积屑瘤不断地产生和脱落，使切削层公称厚度不断变化，从而影响工件的尺寸精度。

(4) 影响工件表面粗糙度。积屑瘤碎片可能会黏附在工件已加工表面上，形成硬点和毛刺，增大工件表面粗糙度。

(5) 引起振动。积屑瘤时大时小，时有时无，导致切削力产生波动而引起振动。

(6) 影响刀具寿命。积屑瘤破裂后若被切屑带走，会划伤刀面，加快刀具磨损。因此，粗加工时希望产生积屑瘤，而精加工时应尽可能避免产生积屑瘤。

二、切削力

切削力是工件材料抵抗刀具切削产生的阻力(切削力是一对大小相等、方向相反、分别作用在工件和刀具上的作用力和反作用力，它来源于工件的弹性变形与塑性变形抗力，切屑与前刀面及工件和后刀面之间的摩擦变形力)。它是影响工艺系统强度、刚度和加工工件质量的重要因素。切削力是设计机床、刀具和夹具、计算切削功率的主要依据。

为便于测量、计算切削力的大小和分析切削力的作用，通常将切削力 F 沿主运动方向、进给运动方向和切深方向分解为三个相互垂直的分力。图 1-25 所示的切削力的分力与合力如下：

切削力 F_c(主切削力 F_z) ——在主运动方向上的分力。

背向力 F_p(切深抗力 F_y) ——在切深方向上的分力。

进给力 F_f(进给抗力 F_x) ——在进给运动方向上的分力。

合力 F 在基面中的分力 F_D 与各分力之间的关系：

$$F = \sqrt{F_D^2 + F_c^2} = \sqrt{F_c^2 + F_p^2 + F_f^2}$$

$$F_p = F_D \cos k_r$$

$$F_f = F_D \sin k_r$$

上式表明，当 $k_r = 0°$ 时，$F_p = F_D$，$F_f = 0$；当 $k_r = 90°$ 时，$F_p = 0$，$F_f = F_D$，各分力的大小对切削过程会产生明显不同的作用。

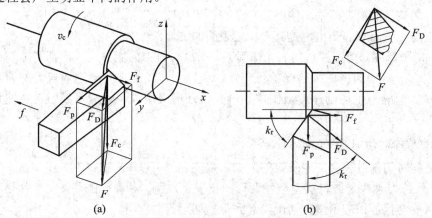

(a)　　　　　　　　　　　　　　　(b)

图 1-25　切削力的分力与合力

由实验可得，当 $k_r = 45°$，$\gamma_o = 15°$，$\lambda_s = 0°$ 时，各分力间的近似关系如下：

$$F_c : F_p : F_f = 1 : (0.4 \sim 0.5) : (0.3 \sim 0.4)$$

其中，F_c 总是最大。

1. 切削分力的作用

切削力 F_c 作用在工件上，并通过卡盘传递到机床主轴箱，它是设计机床主轴、齿轮和计算主运动功率的主要依据。由于 F_c 的作用，使刀杆弯曲、刀片受压，故用它来决定刀杆、刀片的尺寸。F_c 也是设计夹具和选择切削用量的重要依据。

在纵车外圆时，如果加工工艺系统刚性不足，则 F_p 是影响加工工件精度、引起切削振动的主要原因，但 F_p 不消耗切削功率。

F_f 作用在机床进给机构上，是计算进给机构薄弱环节零件强度和检测进给机构强度的主要依据，F_f 消耗总功率的 1 %～5 %。

2. 切削功率

主运动消耗的切削功率 P_c(单位为 kW)应为

$$P_c = F_c \cdot v_c$$

式中：v_c——主运动的切削速度。

根据上式求出切削功率 P_c 后，再按下式计算主电动机的功率 P_E(kW)：

$$P_E = \frac{P_c}{\eta_c}$$

式中：η_c——机床的传动功率，一般取 $\eta_c = 0.75 \sim 0.85$。

上式是校验和选用机床主电动机功率的计算式。

三、切削热与切削温度

1. 切削热的来源与传导

在切削加工中，由于切削变形和摩擦而产生热量。其中，在剪切面上塑性变形热占的比例最大。

切削热 Q 向切屑、刀具、工件和周围介质(空气或切削液)中传散。例如，在干车削钢时，其传热比例为

$$Q_{切屑} = 50\% \sim 86\%$$

$$Q_{刀具} = 40\% \sim 10\%$$

$$Q_{工件} = 9\% \sim 3\%$$

$$Q_{介质} = 1\%$$

热量传散的比例与切削速度有关，切削速度增加时，由摩擦生成的热量增多，但切削带走的热量也增加，在刀具中热量减少，在工件中热量更少。

2. 影响切削温度的因素

切削温度高低决定于：产生热量多少和传散热量的快慢两方面因素。如果产生热量少、散热快，则切削温度低，或者上述之一占主导作用，也会降低切削温度。

在切削时影响产生热量和传散热量的因素有：切削用量、工件材料的力学与物理性能、刀具几何参数和切削液等。

1) 切削用量

实验表明 v_c、a_p 和 f 增加，由于切削变形功和摩擦功增大，故切削温度升高。其中切削速度 v_c 的影响最大，v_c 增加一倍，使切削温度约增加 32 %；进给量 f 的影响其次，f 增加一倍，使切削温度约为增加 18 %；背吃刀量 a_p 的影响最小，a_p 增加一倍，使切削温度约增加 7 %。

2) 工件材料

工件材料主要是通过硬度、强度和导热系数影响切削温度。

3) 刀具几何参数

在刀具几何参数中，影响切削温度最为明显的因素是前角 γ_o 和主偏角 k_r，其次是刀尖圆弧半径 γ_ε。

4) 切削液

浇注切削液是降低切削温度的重要措施。

四、刀具磨损与刀具耐用度

1. 刀具磨损的形态

刀具磨损是指切削时刀具在高温条件下，受到工件、切屑的摩擦作用，刀具材料逐渐被磨耗或出现其他形式的损坏。刀具磨损的形式可分为正常磨损和非正常磨损两类。

1) 正常磨损

正常磨损是指随着切削时间的增加，磨损逐渐扩大的磨损，它包括前刀面磨损、后刀面磨损和副后刀面磨损。

2) 非正常磨损

非正常磨损也称破损，常见的有塑性变形、切削刃崩刃、剥落、热裂等。

2. 磨损过程和磨损标准

1) 刀具的磨损过程

刀具的磨损一般分为 3 个阶段，以后刀面磨损为例，它的磨损量 VB 和切削时间的关系可用图 1-26 来表示。

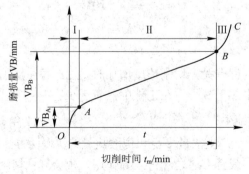

图 1-26　磨损过程

初期磨损阶段(图 1-26 中的 I 区)：由于刀面上表面粗糙度值大，表面组织不耐磨，磨

损较快;

正常磨损阶段(图 1-26 中的Ⅱ区):随着切削时间增加,磨损量 VB 逐渐加大,这是刀具工作的有效时间;

急剧磨损阶段(图 1-26 中的Ⅲ区):磨损量 VB 到了一定数值后,磨损急剧增大,引起切削力增大,切削温度急剧升高,如果继续使用,则刀具的切削刃将产生破坏。

2) 刀具的磨钝标准

磨钝标准亦称磨损判据,是指刀具从开始切削到不能继续使用为止,在刀面上的那段磨损量。这个磨损量也叫磨损极限,刀具磨损值达到了规定的标准应该重磨或更换切削刃。

3. 刀具使用耐用度

1) 刀具耐用度的概念

刀具耐用度 T 定义为刀具从开始切削至达到磨损极限为止的总切削时间(单位为 min)。

2) 影响刀具耐用度的因素

(1) 切削速度对刀具耐用度的影响:提高切削速度 v_c,使切削温度增高,磨损加剧,而使刀具耐用度 T 降低。

(2) 进给量与背吃刀量的影响:进给量 f 和背吃刀量 a_p 增大,均使刀具耐用度 T 降低,f 增大后,使切削温度升高较多,故对 T 影响较大;而 a_p 增大,使切削温度升高较少,故对刀具耐用度影响较小。

(3) 刀具几何参数:合理选择刀具几何参数能提高刀具耐用度。增大前角 γ_0,切削温度降低,刀具耐用度提高,但前角太大,强度低、散热差,刀具耐用度反而会降低。因此,刀具前角有一个最佳值,该值可通过切削实验求得。适当减小主偏角 k_r、副偏角 k_r' 和增大刀尖圆弧半径 γ_ε,可提高刀具强度和降低切削温度,均能提高刀具耐用度。

(4) 工件材料:加工材料的强度、硬度越高和韧性越高、延伸率越小,切削时均能使切削温度升高,使刀具耐用度降低。

(5) 刀具材料:刀具材料是影响刀具耐用度的重要因素,合理选用刀具材料、采用涂层和使用新型材料,是提高刀具耐用度的有效途径。

五、切削用量的选择

在工件材料、刀具材料、刀具几何参数以及其他切削条件已确定的条件下,切削时切削用量选择得正确与否,将直接关系到工件的加工质量、生产效率和加工成本。合理的切削用量应该是在充分发挥机床效能、刀具切削性能和保证加工质量的前提下,能够获得高的生产率和低的加工成本。

为了能够获得高的生产率和低的加工成本。吃刀量、进给量、切削速度不但不可随意确定,而且其选择顺序也不能颠倒。

1. 切削用量的选择原则

切削用量三要素与生产率均保持正比关系,提高切削速度 v_c,增大进给量 f 和背吃刀量 a_p,都能同等地提高生产率。但吃刀量、进给量、切削速度三者对刀具耐用度的影响差别甚大,切削速度的影响最大,进给量次之,吃刀量的影响最小。因此,要在保证一定刀具耐用度的条件下，为了取得最高的生产效率，必须使吃刀量、进给量、切削速度三者乘积值最大才能达到。

选取切削用量的合理顺序应是：首先，选取尽可能大的吃刀量；其次，根据机床动力与刚性限制条件或加工表面粗糙度的要求，选择尽可能大的进给量；最后，在保证刀具耐用度的前提下，选取尽可能大的切削速度，以达到吃刀量、进给量、切削速度三者乘积值最大。

1) 粗加工切削用量选择

粗加工切削时，可以优先考虑如何提高切削效率尽量选用较大的切削用量。在工艺系统刚度、强度的允许下取最大的切削深度和进给量。在不超过机床有效功率、保证一定刀具耐用度的前提下取最大的切削速度。

粗加工的切削深度选定以后，应进一步尽量选择较大的进给量，其合理数值应当保证机床、刀具不致因切削力太大而损坏；切削力所造成的工件挠度不致超出工件精度允许的数值；表面粗糙度参数值不致太大。

粗加工时，限制切深、进给量的因素主要是切削力，主要考虑切削力大小、工艺系统刚度，刀具因素等。需要根据加工条件的薄弱环节，如工艺系统刚度差或刀片强度小，选择适当切深、进给量。

当切深、进给量选定后，应当在此基础上再选最大的切削速度，切削速度主要受刀具耐用度的限制，增大切削速度可以有效地提高生产率。但是在正常的生产条件下，不允许用牺牲刀具耐用度的方法来增大切削速度。

2) 精加工切削用量选择

精加工时则主要按表面粗糙度和加工精度确定切削用量。选择合理的切削用量，可提高加工表面的质量和加工精度。精加工的合理切削用量选择应注意以下几点：

(1) 进给量与表面质量要求相适应。进给量的大小影响加工表面残留面积的大小，因而，适当地减小进给量将使表面粗糙度 Ra 值减小。

(2) 选择适当的切削速度。塑性材料切削时，一般切削速度在低速或高速切削时不会产生积屑瘤，加工后表面粗糙度值较小；在中等切削速度时，刀刃上易出现积屑瘤，它将使加工的表面粗糙度值增大；用较高的切削速度，既可使生产率提高，又可使表面粗糙度值变小。不断地创造条件以提高切削速度，一直是提高工艺水平的重要方向。其中发展新刀具材料和采用先进刀具结构，常可使切削速度大为提高。

(3) 选择适当的背吃刀量 a_p。一般地说，背吃刀量对加工表面粗糙度的影响并不明显。但当 a_p 小到一定数值以下时，由于刀刃不可能刃磨得绝对尖锐且又具有一定的刃口半径，正常切削就不能维持，常出现挤压、打滑和周期性地切入加工表面的现象，从而使表面粗糙度值增大。为减小加工表面粗糙度值，应根据刀具刃口刃磨的锋利情况选取相应的背吃刀量。

(4) 减小工艺系统受力变形，提高尺寸加工精度。一般来说，工艺系统的刚度越好，工艺系统受力变形小，加工误差就越小，加工精度越高。有时工艺系统在某些敏感方向上刚度不好，受力变形会引起工件的尺寸误差和形状误差。生产实际中，应选择适当的工艺参数(如切削用量的切深、进给量等)使切削力引起的误差敏感方向上的变形在允许的误差范围内，以保证工件的加工精度。但有时还应考虑检验工艺系统某薄弱环节的受力变形。如当刀杆刚度不足时，则应减少进给量。

2. 切削用量的选择方法

1) 背吃刀量的选择

粗加工时，除留下精加工余量外，一次走刀尽可能切除全部余量。也可分多次走刀。精加工的加工余量一般较小，可一次切除。在中等功率机床上，粗加工的背吃刀量可达 8~10 mm；半精加工的背吃刀量取 0.5~5 mm；精加工的背吃刀量取 0.2~1.5 mm。

2) 进给速度(进给量)的确定

粗加工时，由于对工件的表面质量没有太高的要求，这时主要根据机床进给机构的强度和刚性、刀杆的强度和刚性、刀具材料、刀杆和工件尺寸以及已选定的背吃刀量等因素来选取进给速度。精加工时，则按表面粗糙度要求、刀具及工件材料等因素来选取进给速度。进给速度 v_f 可以按公式 $v_f = f \times n$ 来计算，式中 f 表示每转进给量，粗车时一般取 0.3~0.8 mm/r；精车时常取 0.1~0.3 mm/r；切断时常取 0.05~0.2 mm/r。

3) 切削速度的确定

切削速度 v_c 可根据已经选定的背吃刀量、进给量及刀具耐用度进行选取。实际加工过程中，也可根据生产实践经验和查表的方法来选取。粗加工或工件材料的加工性能较差时，宜选用较低的切削速度。精加工或刀具材料、工件材料的切削性能较好时，宜选用较高的切削速度。切削速度 v_c 确定后，可根据刀具或工件直径 D 按公式 $n = 1000v_c/(\pi D)$ 来确定主轴转速 n(r/min)。

在工厂的实际生产过程中，切削用量一般根据经验并通过查表的方式进行选取。常用硬质合金或涂层硬质合金切削不同材料时的切削用量推荐值。

3. 选择切削用量时应注意的几个问题

(1) 主轴转速。应根据零件上被加工部位的直径，并按零件和刀具的材料及加工性质等条件所允许的切削速度来确定。切削速度除了计算和查表选取外，还可根据实践经验确定，需要注意的是交流变频调速数控车床低速输出力矩小，因而切削速度不能太低。根据切削速度可以计算出主轴转速。

(2) 车螺纹时的主轴转速。数控车床加工螺纹时，因其传动链的改变，原则上其转速只要能保证主轴每转一周时，刀具就沿主进给轴(多为 z 轴)方向位移一个螺距即可。

(3) 在车削螺纹时，车床的主轴转速将受到螺纹的螺距 P(或导程)大小、驱动电机的升降频特性，以及螺纹插补运算速度等多种因素的影响，故对于不同的数控系统，推荐不同的主轴转速选择范围。大多数经济型数控车床推荐车螺纹时的主轴转速 n(r/min)应满足：$n \leqslant (1200/P) - k$。式中，P 为被加工螺纹螺距，单位是 mm；k 为保险系数，一般取为 80。

◆ 【任务评价】

金属切削过程评价方式采取问答的方式进行考核，以学生进行互评和教师评价结合，如表 1-7 所示。

表 1-7　金属切削过程评价表

序号	项　　目	配分	学生互评	教师评价	得分
1	金属切削各变形区有哪些特点	20			
2	积屑瘤对切削有什么影响	30			
3	影响刀具耐用度的因素有哪些	20			
4	选择切削用量应考虑哪些问题	30			
	总分	100			

任务5　金属切削机床基础知识

◇ 【任务导入】

(1) 了解机床的分类。
(2) 能读懂机床的牌号。
(3) 了解车床的加工范围。
(4) 熟知 CA6140 车床的结构。
(5) 掌握车床的传动系统。
(6) 能根据车削内容选取不同的操作。

◇ 【任务分析】

　　普通车削加工是数控车、数控铣、加工中心学习的基础，车削加工实训过程中，同学们接触最多的是 CA6140 车床，如图 1-27 所示。你对该机床的知识了解多少？

图 1-27　CA6140 型卧式车床

◈ 【任务实施】

一、机床概述

目前，机床品种繁多，在机械制造部门所拥有的技术设备中，机床所占的比重一般在 50％以上。生产中所担负的工作量约占制造机器总工作量的 40％～60％。机床的技术水平直接影响机械制造工业产品的质量和生产效率。一个国家机床工业发展的水平在很大程度上标志着这个国家的工业生产能力和技术水平。

金属切削机床的品种繁多，为了便于区别、使用和管理，必须对机床进行分类并编制型号。

1. 按加工性质和所用的刀具分类

根据 GB/T 15375—2008《金属切削机床 型号编制方法》对机床的分类，车床共分为仪表小型车床，单轴自动、半自动车床，回轮、转塔车床，曲轴及凸轮轴车床，立式车床，落地及卧式车床，仿形及多刀车床，轮、轴、辊、锭、铲齿车床，其他车床，如表 1-8 所示。

2. 按使用万能性分类

按机床在使用上的万能性程度划分，可将机床分为普通机床、专门化机床和专用机床。

(1) 普通机床。这类机床加工零件的品种变动大，可完成多种工件的多种工序加工。例如，卧式车床、万能升降台铣床、牛头刨床、万能外圆磨床等。此类机床结构复杂，生产效率低，适用于单件小批生产。

(2) 专门化机床。用于加工形状类似而尺寸不同的工件的某一工序的机床。例如，凸轮车床、精密丝杆机床等。这类机床加工范围比较窄，适用于成批生产。

(3) 专用机床。用于加工特定零件的特定工序的机床。例如，用于加工某机床主轴箱的专用镗床、加工汽车发动机气缸体平面的专用拉床，各种组合机床也属于专业机床。这类机床生产率高，加工范围最窄，适用于大批量生产。

3. 按加工精度分类

同类型机床按工作精度的不同，分为三种等级，即普通精度等级、精密机床和高精密机床。精密机床是在普通精度机床的基础上，提高主轴、导轨或丝杆等主要零件的制造精度改装而成。高精度机床不仅提高了主要零件的制造精度，而且采用保证高精度的机床结构。以上三种精度等级的机床均有相应的精度等级，其允差若以普通精度等级为 1，则大致比例为 1：0.4：0.25。

4. 按自动化程度分类

按加工过程中操作者参与的程度即自动化程度，分为手动机床、机动机床、半自动机床、自动化机床等。

还有按机床重量和尺寸分类，如仪表机床、中型机床(机床重量＜10 t)、大型机床(机床重量 10～30 t)、重型机床(机床重量 30～100 t)，以及超重型机床(机床重量超过 100 t)。

表 1-8　机床的名称及分类

名称	图　例	说　明
仪表小型车床		仪表车床属于简单的卧式车床，一般来说，最大加工直径为 250 mm 的机床，多属于仪表车床。仪表车床分为普通型、六角型和精整型。 对单一固定种类的工件与外形进行连续加工，可比普通车床提高工效 10 倍以上，特别适用于大批量、小零件的加工。可代替其他机床，以节省能源消耗
单轴自动		自动车床经调整后，不需人工操作便能自动的完成一定的切削加工循环，并且可以自动的重复这种工作循环的车床。 使用自动车床能大大的减轻工人的劳动强度，提高加工精度和劳动生产率。适合于加工大批量、形状复杂的工件
回轮车床		回轮车床没有尾座，有一个可绕水平轴线转位的圆盘形回轮刀架。回轮刀架可沿床身导轨纵向进给和绕自身轴线缓慢回转作横向进给。 回轮车床适用于中、小批量生产
凸轮轴车床		凸轮轴车床用于对凸轮轴的车削加工，机床经配备、更换简单的调整装置，即可实现更换品种的要求，适合多品种的中、小批量生产

名称	图例	说明
单柱立式车床		立式车床分为单柱式和双柱式。用于加工径向尺寸大而轴向尺寸相对较小的大型和重型工件。立式车床的结构布局特点是主轴垂直布置，有一个水平布置的直径很大的工作台，供装夹工件，因此对于笨重工件的装夹、找正比较方便。由于工作台和工件的重力由床身导轨、推力轴承承受，极大地减轻了主轴轴承的负荷，所以可长期保持车床的加工精度
卧式车床		卧式车床在车床中使用最多的，它适合于单件、小批量的轴类、盘类工件加工，是我们学习和掌握的重点
仿形车床		仿形车床能仿照样板或样件的形状尺寸，自动完成工件的加工循环，适用于形状较复杂工件的小批量和成批量生产，生产率比普通车床高 10～15 倍。有多刀架、多轴、卡盘式、立式等类型
铲齿车床		铲齿车床在车削的同时，刀架周期地作径向往复运动，用于铲车铣刀、滚刀等的成形齿面。通常带有铲磨附件，由单独电动机驱动的小砂轮铲磨齿面

二、机床型号的编制方法

近年来，我国机床的设计制造有了很大的发展。新品种、高精度、多功能机床不断出现。为区分和管理各类型、规格及不同用途的机床，我国颁布 GB/T 15375—2008 标准，对金属的型号编制方法做出了规定。

机床的型号由机床类代号、机床特性代号、组代号、系代号、主参数、重大改进序号等组成。

1. 通用机床型号编制

通用机床型号的编制方式如图 1-28 所示。

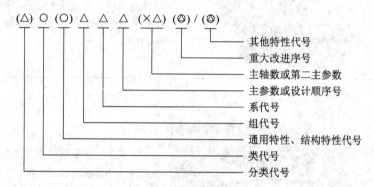

图 1-28　通用机床型号编制方式

图 1-28 中，△表示数字；○表示大写汉语拼音字母；( )中内容表示可选，无内容时此项不表示，有内容时不带括号；××表示大写的汉语拼音对应的字母或阿拉伯数字两者兼有之。

1) 类代号

机床类代号用汉语拼音对应的大写字母表示，如表 1-9 所示。必要时每类可分为若干分类。分类代号在类代号之前，作为型号的首位，并用阿拉伯数字表示。第一部分类代号前的 1 省略，第 2、第 3 分类代号则应表示出来。

表 1-9　机床的分类和代号

类别	车床	钻床	镗床	磨床			齿轮加工机床	螺纹加工机床	铣床	刨插床	拉床	锯床	其他机床
代号	C	Z	T	M	1M	2M	Y	S	X	B	L	G	Q
读音	车	钻	镗	磨	二磨	三磨	牙	丝	铣	刨	拉	割	其

2) 通用特性代号

通用特性代号用汉语拼音对应的大写拼音字母表示，位于类代号之后。当某类机床，除普通型外，还有下列某种通用特性时，则在类代号之后加通用特性代号予以区别。如 CM6132 型精密普通车床型号中的 M 表示精密。通用特性代号在各类机床中所表示的意义相同。机床通用特性代号如表 1-10 所示。

表 1-10　机床通用特性代号

通用特性	高精度	精密	自动	半自动	数控	加工中心	仿形	轻型	加重型	柔性加工单元	数显	高速
代号	G	M	Z	B	K	H	F	Q	C	R	X	S
读音	高	密	自	半	控	换	仿	轻	重	柔	显	速

3) 结构特征代号

对主参数相同而结构、性能不同的机床，在型号中加结构性代号予以区分。结构特性代号用汉语拼音字母(通用特性代号已用字母和I、O两字母不能用)A、B、C、D等表示，排在通用特性代号之后。

4) 机床的组代号和系代号

机床的组代号和系代号用两位阿拉伯数字表示(位于类代号或通用特性代号、结构特征代号之后)，前位表示组别，后位表示系列。每类机床按其结构特性及使用范围划分为 10 组，每组又分为 10 个系，分别用 0～9 表示。在同一类机床中，主要布局或使用范围基本相同的机床，即为同一组。在同一组机床中，其主要参数相同、主要结构及布局形式相同，即为同一系。金属切削机床的类、组划分如表 1-11 所示。

表 1-11　金属切削机床类、组划分表

组代号	组名称	系代号	系名称	折算系数	主参数名称
0	仪表小型车床	0	仪表台式精整车床	1/10	床身上最大回转直径
		1			
		2	小型排刀车床	1	最大棒料直径
		3	仪表转塔车床	1	最大棒料直径
		4	仪表卡盘车床	1/10	床身上最大回转直径
		5	仪表精整车床	1/10	床身上最大回转直径
		6	仪表卧式车床	1/10	床身上最大回转直径
		7	仪表棒料车床	1	最大棒料直径
		8	仪表轴车床	1/10	床身上最大回转直径
		9	仪表卡盘精整车床	1/10	床身上最大回转直径
1	单轴自动车床	0			
		1			
		2	主轴箱固定型自动车床	1	最大棒料直径
		3	单轴纵切自动车床	1	最大棒料直径
		4	单轴横切自动车床	1	最大棒料直径
		5	单轴转塔式自动车床、	1	最大棒料直径
		6	单轴卡盘自动车床	1/10	床身上最大回转直径
		7			
		8	正面操作自动车床	1	最大车削直径
		9			

组		系		主 参 数	
代号	名称	代号	名称	折算系数	名称
2	多轴自动、半自动车床	0			
		1	多轴平行作业棒料自动车床	1	最大棒料直径
		2	多轴棒料自动车床	1	最大棒料直径
		3	多轴卡盘自动车床	1/10	卡盘直径
		4			
		5	多轴可调棒料自动车床	1	最大棒料直径
		6	多轴可调卡盘自动车床	1/10	卡盘直径
		7	立式多轴半自动车床	1/10	最大车削直径
		8	立式多轴平行作业半自动车床	1/10	最大车削直径
		9			
3	回转、转塔车床	0			
		1	回转车床	1	最大棒料直径
		2	滑鞍转塔车床	1/10	卡盘直径
		3	棒料滑枕转塔车床	1	最大棒料直径
		4	滑枕转塔车床	1/10	卡盘直径
		5	组合式转塔车床	1/10	最大车削直径
		6	横移转塔车床	1/10	最大车削直径
		7	立式双轴转塔车床	1/10	最大车削直径
		8	立式转塔车床	1/10	最大车削直径
		9	立式卡盘车床	1/10	卡盘直径
4	曲轴及凸轮轴车床	0	旋风切削曲轴车床	1/100	转盘内孔直径
		1	曲轴车床	1/10	最大工件回转直径
		2	曲轴主轴颈车床	1/10	最大工件回转直径
		3	曲轴连杆轴颈车床	1/10	最大工件回转直径
		4			
		5	多刀凸轮轴车床	1/10	最大工件回转直径
		6	凸轮轴车床	1/10	最大工件回转直径
		7	凸轮轴中轴颈车床	1/10	最大工件回转直径
		8	凸轮轴端轴颈车床	1/10	最大工件回转直径
		9	凸轮轴凸轮车床	1/10	最大工件回转直径
5	立式车床	0			
		1	单轴立式车床	1/100	最大车削直径
		2	双轴立式车床	1/100	最大车削直径
		3	单轴移动立式车床	1/100	最大车削直径
		4	双轴移动立式车床	1/100	最大车削直径
		5	工作台移动单轴立式车床	1/100	最大车削直径
		6			
		7	定梁单轴立式车床	1/100	最大车削直径
		8	定梁双轴立式车床	1/100	最大车削直径
		9			

续表二

组		系			主 参 数	
代号	名称	代号	名称	折算系数	名称	
6	落地及卧式车床	0	落地车床	1/100	最大工件回转直径	
		1	卧式车床	1/10	床身上最大回转直径	
		2	马鞍车床	1/10	床身上最大回转直径	
		3	轴车床	1/10	床身上最大回转直径	
		4	卡盘车床	1/10	床身上最大回转直径	
		5	球面车床	1/10	刀架上最大回转直径	
		6	主轴箱移动型卡盘车床	1/10	床身上最大回转直径	
		7				
		8				
		9				
7	仿形及多刀车床	0	转塔仿形车床	1/10	刀架上最大车削直径	
		1	仿形车床	1/10	刀架上最大车削直径	
		2	卡盘仿形车床	1/10	刀架上最大车削直径	
		3	立式仿形车床	1/10	最大车削直径	
		4	转塔卡盘多刀车床	1/10	刀架上最大车削直径	
		5	多刀车床	1/10	刀架上最大车削直径	
		6	卡盘多刀车床	1/10	刀架上最大车削直径	
		7	立式多刀车床	1/10	刀架上最大车削直径	
		8	异形多刀车床	1/10	刀架上最大车削直径	
		9				
8	轮、轴、辊、锭及铲齿车床	0	车轮车床	1/100	最大工件直径	
		1	车轴车床	1/10	最大工件直径	
		2	动轮曲拐销车床	1/100	最大工件直径	
		3	轴颈车床	1/100	最大工件直径	
		4	轧辊车床	1/10	最大工件直径	
		5	钢锭车床	1/10	最大工件直径	
		6				
		7	立式车轮车床	1/100	最大工件直径	
		8				
		9	铲齿车床	1/10	最大工件直径	
9	其他车床	0	落地镗车床	1/10	最大工件回转直径	
		1				
		2	单轴半自动车床	1/10	刀架上最大车削直径	
		3	气缸套镗车床	1/10	床身上最大回转直径	
		4				
		5	活塞车床	1/10	最大车削直径	
		6	轴承车床	1/10	最大车削直径	
		7	活塞环车床	1/10	最大车削直径	
		8	钢锭模车床	1/10	最大车削直径	
		9				

5) 机床的主参数、设计顺序号、第二主参数

机床主参数表示机床规格的大小，是机床的最主要的技术参数，它反映机床的加工能力，影响机床的其他参数和结构大小。通常以最大加工尺寸或机床工作台尺寸作为主要参数。在机床代号中用主参数的折算值表示。主参数一般用两位数字表示，位于组别、系列之后。第二主参数是为了更完整地表示机床的工作能力和加工范围，一般为主轴数、最大跨距、最大工件长、工作台长度等。常见机床的主参数与折算系数及第二主参数如表 1-12 所示。

表 1-12　常见机床的主参数与折算系数及第二主参数

机　床	主　参　数	折　算　系　数	第二主参数
卧式车床	床身上最大回转直径	1/10	最大工件长度
立式车床	最大车削直径	1/100	最大工件高度
摇臂钻床	最大钻孔直径	1	最大跨距
卧式镗床	镗轴直径	1/10	—
坐标镗床	工作台面宽度	1/10	工作台面长度
外圆磨床	最大磨削直径	1/10	最大磨削长度
内圆磨床	最大磨削孔径	1/10	最大磨削深度
矩台平面磨床	工作台面宽度	1/10	工作台面长度
齿轮加工机床	最大工件直径	1/10	最大模数
龙门铣床	工作台面宽度	1/100	工作台面长度
升降台式铣床	工作台面宽度	1/10	工作台面长度
龙门刨床	最大刨削宽度	1/100	最大刨削长度
插床及牛头刨床	最大插削及刨削长度	1/10	—
拉床	额定拉力	1	最大行程

6) 机床重大改进次数

当机床的性能及结构上有重大改进，则在原有机床型号的尾部加重大改进顺序号，以区别型号，顺序号按 A，B，C，…的字母(I、O 不能选用)顺序选用。例如，Z5625×4A 表示经过第一次重大改进，最大钻孔直径为 25 mm 的四轴立式钻床。MG1432A 表示经过第一次重大改进，最大磨削直径为 320 mm 高精度万能外圆磨床。

2. 专用机床型号

专用机床的型号一般由设计单位代号和设计顺序号组成。设计单位代号包括机床生产厂家和机床研究单位代号，位于型号之首。专用机床的设计顺序号，按该单位的设计顺序号排列由 001 开始，位于设计单位代号之后，并用-隔开。例如，上海机床厂设计制造的第 15 种专用机床为专用磨床，其型号为 H-015。

3. 组合机床及其自动线的型号

组合机床及其自动线的型号采用如下表示方法。

设计单位代号-分类代号-设计顺序号(重大改进顺序号)。其中，设计单位代号及设计顺序号与专用机床型号表示方法相同。重大改进顺序号选用原则与通用机床选用原则相同。组合机床及其自动线型号中的分类代号，如表 1-13 所示。

表 1-13　组合机床及其自动线的分类代号

分　类	代号	分　类	代号
大型组合机床	U	大型组合机床自动线	UX
小型组合机床	H	小型组合机床自动线	HX
自动换刀数控组合机床	K	自动换刀数控组合机床自动线	KX

三、车床知识

1. 车床的工作范围

车床是利用工件的旋转运动(主运动)和刀具的直线运动(进给运动)来加工工件的。它主要是加工各种带有旋转表面的零件，最基本的车削内容有车外圆、车端面、切断和车槽、钻中心孔、钻孔、车孔、铰孔、锪孔、车螺纹、车圆锥面、车成形面、滚花和攻螺纹等，如图 1-29 所示。如果在车床上装上其他附件和夹具，还可以进行镗削、磨削、研磨、抛光，以及各种复杂零件的外圆、内孔加工等。因此，在机械制造行业中，车床是应用得非常广泛的金属切削机床之一。

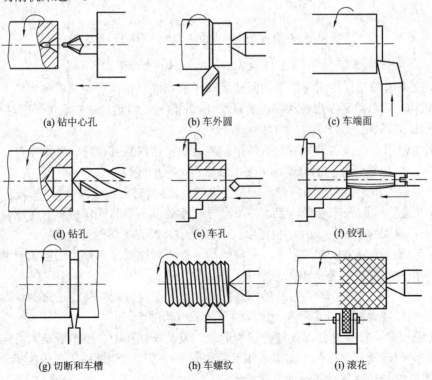

(a) 钻中心孔　(b) 车外圆　(c) 车端面　(d) 钻孔　(e) 车孔　(f) 铰孔　(g) 切断和车槽　(h) 车螺纹　(i) 滚花

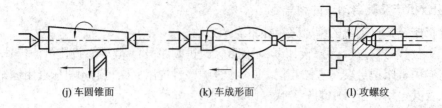

(j) 车圆锥面　　　　　　(k) 车成形面　　　　　　(l) 攻螺纹

图 1-29　车床的工艺范围

2. CA6140 型卧式车床结构

卧式车床应用很广，也是最常见的一种车床，以 CA6140 型卧式车床为例进行介绍。CA6140 型卧式车床主要加工轴类零件和直径不太大的盘类零件，其主轴采用卧式布局。图 1-30 所示为 CA6140 型卧式车床的外形图，其主要部件及功用如下所示。

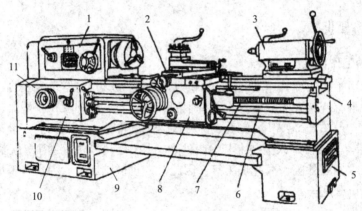

1—主轴箱；2—刀架；3—尾座；4—床身；5、9—底座；6—光杆；
7—丝杆；8—溜板箱；10—进给箱；11—交变齿轮变速机构

图 1-30　CA6140 型卧式车床外形图

(1) 交换齿轮箱：用来将主轴的回转运动传递到进给箱。更换箱内的齿轮，配合进给箱变速机构，可以得到车削各种螺距的螺纹(或蜗杆)的进给运动；并满足车削时对不同纵、横向进给量的需求。

(2) 主轴箱：支撑主轴并带动工件作回转运动。箱内装有齿轮、轴等零件，组成变速传动机构，变换箱外的手柄位置，可使主轴获得不同的转速。

(3) 刀架：用于装夹车刀并带动车刀作纵向、横向和斜向运动。

(4) 尾座：安装在床身导轨上，并可沿导轨移动以调整其工作位置。尾座主要用来安装后顶尖，以支撑较长的工件，也可以安装麻花钻、铰刀等切削刀具进行孔加工。

(5) 床脚：床脚用以支撑床身，并与地基连接。可以通过调整垫块把床身调整到水平状态，并用地脚螺栓把整台车床固定在工作场地上。

(6) 进给箱：是进给转动系统的变速机构。他把交换齿轮箱传递过来的运动经过变速后传递给丝杠或光杠，以实现各种螺纹的车削或机动进给。

(7) 溜板箱：接受光杠或丝杠传递的运动，驱动床鞍和中、小滑板及刀架实现车刀的纵、横向进给运动。溜板箱上装有一些手柄和按钮，可以方便地操纵车床选择诸如机动、手动、车螺纹及快速移动等运动方式。

(8) 床身：它是车床的基础部件，用以连接各主要部件并保证各部件之间有正确的相对位置。床身上有两条导轨，床鞍和尾座可沿着导轨移动。

(9) 床鞍：床鞍装在床身的导轨上，它可沿着床身导轨纵向移动。

(10) 操纵杆：向上提操纵杆，是车床卡盘正转。向下压操纵杆，是车床卡盘反转。操纵杆停留在中间位置，是停止转动。

(11) 光杠、丝杠：将进给箱的运动传给溜板箱。光杠用于一般车削的自动进给，不能用于车削螺纹。丝杠用于车削螺纹。

(12) 照明灯：用于车削时照明。

(13) 冷却管：用于车削时浇注冷却液。

3. CA6140 型卧式车床

CA6140 型卧式车床的主要参数是床身上最大工件的回转直径，第二主要参数是最大工件的长度。为了满足不同长度工件的需要，主要参数值相同的卧式车床，有不同的第二参数。CA6140 型卧式车床的主要参数为 400 mm，第二参数有 750 mm、1000 mm、1500 mm、2000 mm 四种。

4. CA6140 型卧式车床的传动系统

CA6140 型卧式车床为了加工出所需的表面，机床的传动系统需要具备以下传动链，实现主运动的主运动传动链，实现螺纹进给运动的螺纹进给传动链，实现纵向或横向进给运动的纵横向进给传动链。此外，为了节省辅助时间和减轻工人劳动强度，还有快速空行程传动链，在加工中可实现刀架快速退离或趋近工作。图 1-31 所示为 CA6140 型卧式车床的传动系统图。

1) 主运动传动链

(1) 传动路线。主运动传动链的作用是把电动机的运动传给主轴，使主轴带动工件实现主运动。主运动由电动机经三角皮带传至主轴箱中的轴 I。在轴 I 上装有双向多片式摩擦离合器 M_1。M_1 的作用是使主轴(轴Ⅵ)正转、反转或停止。M_1 分为左、右两部分，分别与空套在轴 I 上的两个齿轮连在一起。当压紧离合器 M_1 左部的摩擦片时，轴 I 的运动经 M_1 左部的摩擦片及齿轮副 $\dfrac{56}{38}$ 或 $\dfrac{51}{43}$ 传给轴Ⅱ。当压紧离合器 M_1 右部分的摩擦片时，轴 I 的运动经 M_1 右部的摩擦片及齿轮 Z_{50} 传给轴Ⅶ上的空套齿轮 Z_{34}，然后再传给轴Ⅱ上的齿轮 Z_{30}，使轴Ⅱ转动。这时，由轴 I 传到轴Ⅱ的运动多经过了一个中间齿轮 Z_{34}，因此，轴Ⅱ的转动方向与经离合器 M_1 左部传动时的转动方向相反。运动经离合器 M_1 的左部传动时，使主轴正转；运动经 M_1 的右部传动时，则使主轴反转。轴Ⅱ的运动可分别通过三对齿轮副 $\dfrac{22}{58}$、$\dfrac{30}{50}$、$\dfrac{39}{41}$ 传给轴Ⅲ。运动由轴Ⅲ到主轴有两种不同的传动路线：

① 当主轴需要高速运转时($n_主 = 450 \sim 1400$ r/min)，应将主轴上的滑移齿轮 Z_{50} 移到左端位置(与轴Ⅲ上的齿轮 Z_{63} 啮合)，轴Ⅲ的运动经齿轮副 $\dfrac{63}{50}$ 直接传给主轴；

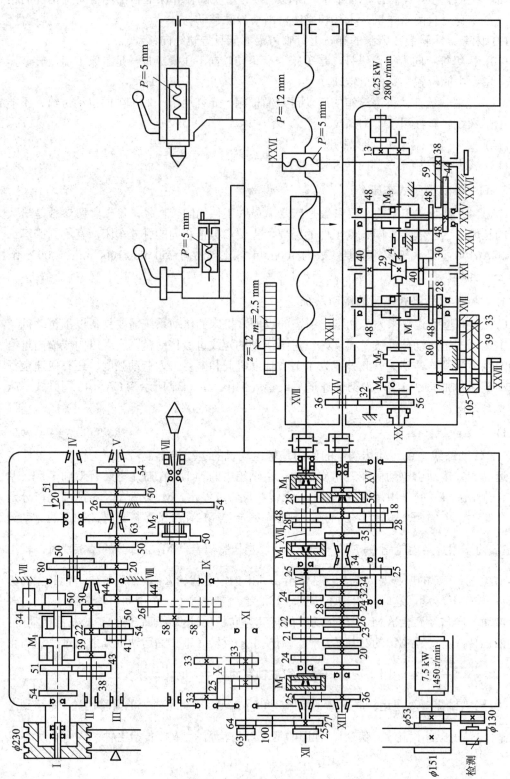

图 1-31　CA6140 型卧式车床的传动系统图

② 当主轴需要中低速运转时($n_主$ = 10～500 r/min)，应将主轴上的滑轮齿轮 Z_{50} 移到右端位置，使齿式离合器 M_2 啮合。于是，轴Ⅲ上的运动经齿轮副 $\frac{20}{80}$ 或 $\frac{50}{50}$ 传给轴Ⅳ，然后再由轴Ⅳ经齿轮副 $\frac{20}{80}$ 或 $\frac{51}{50}$、$\frac{26}{58}$ 及齿式离合器 M_2 传给主轴。主运动传动链的运动路线表达式如下：

$$
\text{电动机} \begin{pmatrix} n=1450\ r/min \\ N=7.5\ kW \end{pmatrix} - \frac{\phi130}{\phi230} - I - \begin{cases} \underset{(正转)}{M_1(左)} \begin{bmatrix} \frac{56}{38} \\ \frac{51}{43} \end{bmatrix} - \\ \underset{(反转)}{M_1(右)} - \frac{50}{34} - VII - \frac{34}{30} - \end{cases} - II - \begin{cases} \frac{39}{41} \\ \frac{22}{58} \\ \frac{30}{50} \end{cases} - III -
$$

$$
\begin{cases} \frac{63}{50} M_2(左) - \\ \begin{bmatrix} \frac{20}{80} \\ \frac{50}{50} \end{bmatrix} - IV - \begin{cases} \frac{20}{80} \\ \frac{51}{50} \end{cases} - V - \frac{26}{58} M_2(右) - \end{cases} - VI - (主轴)
$$

(2) 主轴转速计算。主轴的转速可应用下列运动平衡式计算：

$$ n_{主轴} = n_电 \times \frac{d}{d'} (1-\varepsilon)\, u_{I\text{-}II} \times u_{II\text{-}III} \times u_{III\text{-}VI} $$

式中：$n_主$——主轴转速(r/min)；

$n_电$——电动机转速(r/min)；

d——主动皮带轮直径(mm)；

d'——被动皮带轮直径(mm)；

ε——三角带传动的滑动系数，ε = 0.02；

$u_{I\text{-}II}$、$u_{II\text{-}III}$、$u_{III\text{-}VI}$——Ⅰ-Ⅱ、Ⅱ-Ⅲ、Ⅲ-Ⅵ 间的传动比。

由传动路线表达式可知，主轴正转转速级数为 2×3×(1+2×2)=30 级，但在Ⅲ轴、Ⅴ轴之间的 4 种传动比分别为

$$ u_1 = \frac{50}{50} \times \frac{20}{80} = \frac{1}{4} $$

$$ u_2 = \frac{20}{80} \times \frac{20}{80} = \frac{1}{16} $$

$$ u_3 = \frac{50}{50} \times \frac{50}{51} \approx 1 $$

$$ u_4 = \frac{20}{80} \times \frac{51}{50} \approx \frac{1}{4} $$

$u_1 \approx u_4$，故实际的级数为 2×3×(1+3)=24 级；同理，主轴反转转速级数为 12 级。

由于反转时 Ⅰ-Ⅱ 之间的传动比($u = \dfrac{50}{34} \times \dfrac{34}{30} = \dfrac{5}{3}$)大于正转时的传动比($u = \dfrac{51}{43}$ 或 $\dfrac{56}{38}$)

故反转转速高于正转转速。主轴反转通常不用于车削，主要用于车螺纹时退回刀架等。图 1-32 所示为 CA6140 型卧式车床主运动的转速图。

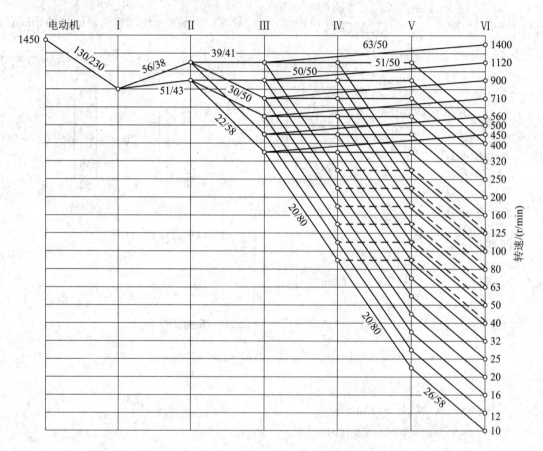

图 1-32　CA6140 型卧式车床主运动转速图

2) 螺纹进给传动链

车削螺纹时，主轴回转与刀具纵向进给必须保证严格的运动关系：主轴每转一转，刀具移动一个螺纹导程。其运动平衡式为：

$$L_{工} = l_{主轴} \times U_{主轴\text{-}丝杠} \times L_{丝}$$

式中：$L_{工}$——螺纹导程(mm)；

　　　$l_{主轴}$——主轴转速；

　　　$U_{主轴\text{-}丝杠}$——主轴至丝杠之间的总传动比；

　　　$L_{丝}$——机床丝杠导程(mm)。

要车削不同标准和不同导程的螺纹，只需改变传动比，即改变传动路线或更换齿轮。

CA6140 型卧式车床可车削公制、英制、模数、径节 4 种螺纹，也可车大导程、非标准及较精密螺纹，或上述各种左、右螺纹。

加工螺纹时，主轴Ⅵ的运动经 $\dfrac{58}{58}$ 传至轴 Ⅸ，再经 $\dfrac{33}{33}$ (右螺纹)或 $\dfrac{33}{25}\times\dfrac{25}{33}$ (左螺纹)传至轴 Ⅺ 及挂轮。挂轮架的三组挂轮分别为 $\dfrac{63}{100}\times\dfrac{100}{75}$ (车公制、英制螺纹)、$\dfrac{64}{100}\times\dfrac{100}{97}$ (车模数、径节螺纹)、$\dfrac{a}{b}\times\dfrac{c}{d}$ (车非标准和较精密螺纹)。车公制和模数制螺纹时 M_3、M_4 分离，与 M_5 接合；车英制螺纹和径节螺纹时 M_3、M_5 接合，与 M_4 分离；M_3、M_4、M_5 同时接合，便可车非标准和较精密螺纹，根据螺纹导程大小配换挂轮；车大导程螺纹，只需将轴Ⅸ右端的滑移齿轮 Z_{58} 向右移动，使之与轴Ⅷ上的 Z_{26} 齿轮啮合。

下面我们具体介绍不同螺纹的传动路线及运动平衡式。

(1) 车公制螺纹。

传动路线表达式如下：

$$主轴\,Ⅵ-\dfrac{58}{58}-Ⅸ-\left\{\begin{array}{c}\dfrac{33}{33}(右)\\[2mm]\dfrac{33}{25}\times\dfrac{25}{33}(左)\end{array}\right\}-Ⅺ-\dfrac{63}{100}\times\dfrac{100}{75}-Ⅻ-\dfrac{25}{36}-ⅩⅢ-U_{ⅩⅢ\text{-}ⅩⅣ}-$$

$$ⅩⅣ-\dfrac{25}{36}\times\dfrac{36}{25}-ⅩⅤ-\left\{\begin{array}{c}\dfrac{28}{35}\\[2mm]\dfrac{18}{45}\end{array}\right\}-ⅩⅥ-\left\{\begin{array}{c}\dfrac{35}{28}\\[2mm]\dfrac{15}{48}\end{array}\right\}-ⅩⅦ-M_5-ⅩⅧ(丝杠)-刀架$$

$U_{ⅩⅢ\text{-}ⅩⅣ}$ 的传动比共有 8 种，这 8 种传动比近似为等差级数，是获得各种螺纹导程的基本机构，又称基本组 U 基。

$$U_{基1}=\dfrac{26}{28}=\dfrac{6.5}{7}\,,\quad U_{基2}=\dfrac{28}{28}=\dfrac{7}{7}\,,\quad U_{基3}=\dfrac{32}{28}=\dfrac{8}{7.7}\,,\quad U_{基4}=\dfrac{36}{28}=\dfrac{9}{7}\,,$$

$$U_{基5}=\dfrac{19}{14}=\dfrac{9.5}{7}\,,\quad U_{基6}=\dfrac{20}{14}=\dfrac{10}{7}\,,\quad U_{基7}=\dfrac{33}{21}=\dfrac{11}{7}\,,\quad U_{基8}=\dfrac{36}{21}=\dfrac{12}{7}$$

$U_{ⅩⅤ\text{-}ⅩⅦ}$ 的传动比共有 4 种，这 4 种传动比按倍数关系排列，可将由基本组获得的导程值成倍扩大或缩小，又称增倍组 U 倍。

$$U_{倍1}=\dfrac{28}{35}\times\dfrac{35}{28}=1\,,\quad U_{倍2}=\dfrac{18}{45}\times\dfrac{35}{28}=\dfrac{1}{2}\,,\quad U_{倍3}=\dfrac{28}{35}\times\dfrac{15}{48}=\dfrac{1}{4}\,,\quad U_{倍4}=\dfrac{18}{45}\times\dfrac{15}{48}=\dfrac{1}{8}$$

车削公制螺纹(右旋)的运动平衡式如下：

$$L_工=l_{主轴}\times\dfrac{58}{58}\times\dfrac{33}{33}\times\dfrac{63}{100}\times\dfrac{100}{75}\times\dfrac{25}{36}\times U_基\times\dfrac{25}{36}\times\dfrac{36}{25}\times U_倍\times 12$$

式中：$L_工$——螺纹导程(单头螺纹为 $P_工$)(mm)；

$U_基$——轴 ⅩⅢ-ⅩⅣ 间基本组的传动比；

$U_倍$——轴 ⅩⅤ-ⅩⅦ 间增倍组的传动比。

将上式简化后得

$$L_工=7U_基U_倍$$

普通螺纹的螺距数列是分段的等差数列，每段又是公比为 2 的等比数列，将基本组与增倍组串联使用，就可车出不同导程(或螺距)的螺纹，如表 1-14 所示。

表 1-14　CA6140 型车床公制螺纹表

$U_{倍}$	L/mm							
	$U_{基}=\dfrac{26}{28}$	$U_{基}=\dfrac{28}{28}$	$U_{基}=\dfrac{32}{28}$	$U_{基}=\dfrac{36}{28}$	$U_{基}=\dfrac{19}{14}$	$U_{基}=\dfrac{20}{14}$	$U_{基}=\dfrac{33}{21}$	$U_{基}=\dfrac{36}{21}$
$\dfrac{18}{45}\times\dfrac{15}{48}=\dfrac{1}{8}$	—	—	1	—	—	1.25	—	1.5
$\dfrac{28}{35}\times\dfrac{15}{48}=\dfrac{1}{4}$	—	1.75	2	2.25	—	2.5	—	3
$\dfrac{18}{45}\times\dfrac{35}{28}=\dfrac{1}{2}$	—	3.5	4	4.5	—	5	5.5	6
$\dfrac{28}{35}\times\dfrac{35}{28}=1$	—	7	8	9	—	10	11	12

(2) 车英制螺纹。

传动路线表达式如下：

$$主轴-\frac{58}{58}-IX-\begin{cases}\dfrac{33}{33}(右)\\[2mm]\dfrac{33}{25}\times\dfrac{25}{33}(左)\end{cases}-XI-\frac{63}{100}\times\frac{100}{75}-XII-M_3-XIV-\frac{1}{U_{基}}-XIII-$$

$$\frac{36}{25}-XV-U_{倍}-XVII-M_5-XVIII(丝杠)-刀架$$

英制螺纹的螺距参数以每英寸(in，1 in = 2.54 cm)长度上的螺纹牙数 a(牙/in)表示。为使计算方便，将英制导程换算为米制导程。车削英制螺纹的运动平衡式如下：

$$L_{工}=\frac{25.4k}{a}=l_{主轴}\times\frac{58}{58}\times\frac{33}{33}\times\frac{63}{100}\times\frac{100}{75}\times\frac{1}{U_{基}}\times\frac{36}{25}\times U_{倍}\times 12$$

式中：k——螺纹线数。

由于 $\dfrac{63}{100}\times\dfrac{100}{75}\times\dfrac{36}{25}\approx\dfrac{25.4}{21}$，代入上式化简可得

$$L_{工}=\frac{25.4k}{a}=\frac{25.4}{21}\times\frac{U_{倍}}{U_{基}}\times 12=\frac{4\times 25.4}{7}\times\frac{U_{倍}}{U_{基}}$$

$$a=\frac{7k}{4}\frac{U_{倍}}{U_{基}}$$

当 $k=1$ 时，a 值与 $U_{基}$、$U_{倍}$ 的关系如表 1-15 所示。

表 1-15 CA6140 型车床英制螺纹表

$U_{倍}$	$a/(牙 \cdot in^{-1})$							
	$U_{基}=\dfrac{26}{28}$	$U_{基}=\dfrac{28}{28}$	$U_{基}=\dfrac{32}{28}$	$U_{基}=\dfrac{36}{28}$	$U_{基}=\dfrac{19}{14}$	$U_{基}=\dfrac{20}{14}$	$U_{基}=\dfrac{33}{21}$	$U_{基}=\dfrac{36}{21}$
$\dfrac{18}{45}\times\dfrac{15}{48}=\dfrac{1}{8}$	—	14	16	18	19	20	—	24
$\dfrac{28}{35}\times\dfrac{15}{48}=\dfrac{1}{4}$	—	7	8	9	—	10	11	12
$\dfrac{18}{45}\times\dfrac{35}{28}=\dfrac{1}{2}$	$3\dfrac{1}{4}$	$3\dfrac{1}{2}$	4	$4\dfrac{1}{2}$		5	—	6
$\dfrac{28}{35}\times\dfrac{35}{28}=1$	—	—	2					3

(3) 车模数螺纹。

传动路线表达式如下：

$$主轴 VI - \frac{58}{58} - IX - \begin{Bmatrix} \frac{33}{33}(右) \\ \frac{33}{25}\times\frac{25}{33}(左) \end{Bmatrix} - XI - \frac{64}{100}\times\frac{100}{97} - XII - \frac{25}{36} - XIII - U_{XIII-XIV} -$$

$$XIV - \frac{25}{36}\times\frac{36}{25} - XV - \begin{Bmatrix} \frac{28}{35} \\ \frac{18}{45} \end{Bmatrix} - XVI - \begin{Bmatrix} \frac{35}{28} \\ \frac{15}{48} \end{Bmatrix} - XVII - M_5 - XVIII(丝杠) - 刀架$$

模数螺纹主要用于米制蜗杆，其螺距参数用模数 m 表示，车削模数螺纹的运动平衡式如下：

$$L_{工} = kP = k\pi m = l_{主轴}\times\frac{58}{58}\times\frac{33}{33}\times\frac{64}{100}\times\frac{100}{97}\times\frac{25}{36}\times U_{基}\times\frac{25}{36}\times\frac{36}{25}\times U_{倍}\times 12$$

式中：k——螺纹线数；

P——螺纹螺距(mm)；

由于 $\dfrac{64}{100}\times\dfrac{100}{97}\times\dfrac{25}{36}\approx\dfrac{7}{48}\pi$，代入上式有：

$$L = k\pi m = \frac{7}{48}\pi\times U_{基}U_{倍}\times 12 = \frac{7\pi}{4}U_{基}U_{倍}$$

所以

$$m = \frac{7}{4k}U_{基}U_{倍}$$

当 $k=1$ 时，模数值 m 与 $U_{基}$、$U_{倍}$ 的关系如表 1-16 所示。

表 1-16　CA6140 型车床模数螺纹表

$U_{倍}$	m/mm							
	$U_{基}=\dfrac{26}{28}$	$U_{基}=\dfrac{28}{28}$	$U_{基}=\dfrac{32}{28}$	$U_{基}=\dfrac{36}{28}$	$U_{基}=\dfrac{19}{14}$	$U_{基}=\dfrac{20}{14}$	$U_{基}=\dfrac{33}{21}$	$U_{基}=\dfrac{36}{21}$
$\dfrac{18}{45}\times\dfrac{15}{48}=\dfrac{1}{8}$	—	—	0.25	—	—	—	—	—
$\dfrac{28}{35}\times\dfrac{15}{48}=\dfrac{1}{4}$	—	—	0.5	—	—	—	—	—
$\dfrac{18}{45}\times\dfrac{35}{28}=\dfrac{1}{2}$	—	—	1	—	—	1.25	—	1.5
$\dfrac{28}{35}\times\dfrac{35}{28}=1$	—	1.75	2	2.25	—	2.5	2.75	3

(4) 车径节螺纹。

传动路线表达式如下:

$$主轴 VI —\frac{58}{58}— IX —\left\{\begin{matrix}\dfrac{33}{33}(右)\\[4pt]\dfrac{33}{25}\times\dfrac{25}{33}(左)\end{matrix}\right\}— XI —\frac{64}{100}\times\frac{100}{97}— XII —M_3— XIV —\frac{1}{U_{基}}—$$

$$XIII —\frac{36}{25}— XV—U_{倍}— XVII—M_5— XVIII(丝杠)—刀架$$

径节螺纹用在英制蜗杆中,其螺距参数用径节 DP(牙/in)来表示,径节表示齿轮或蜗杆 1 in 分度圆直径上的齿数,所以英制蜗杆的轴向齿距(径节螺纹的螺距)P_{DP} 为

$$P_{DP}=\frac{\pi}{DP}(in)=\frac{25.4}{DP}\pi\ (mm)$$

则螺纹的导程为

$$L_{工}=kP_{DP}=\frac{25.4\pi k}{DP}=l_{主轴}\times\frac{58}{58}\times\frac{33}{33}\times\frac{64}{100}\times\frac{100}{97}\times\frac{1}{U_{基}}\times\frac{36}{25}\times U_{倍}\times12$$

由于 $\dfrac{64}{100}\times\dfrac{100}{97}\times\dfrac{36}{25}\approx\dfrac{25.4\pi}{84}$,代入上式有:

$$L_{工}=\frac{25.4k\pi}{DP}=\frac{25.4\pi}{84}\times\frac{U_{倍}}{U_{基}}\times12=\frac{25.4\pi U_{倍}}{7U_{基}}$$

所以

$$DP=7k\frac{U_{基}}{U_{倍}}$$

当 $k=1$ 时，DP 值与 $U_基$、$U_倍$的关系如表 1-17 所示。

表 1-17　CA6140 型车床径节螺纹表

$U_倍$	DP/(牙·in^{-1})							
	$U_基=\dfrac{26}{28}$	$U_基=\dfrac{28}{28}$	$U_基=\dfrac{32}{28}$	$U_基=\dfrac{36}{28}$	$U_基=\dfrac{19}{14}$	$U_基=\dfrac{20}{14}$	$U_基=\dfrac{33}{21}$	$U_基=\dfrac{36}{21}$
$\dfrac{18}{45}\times\dfrac{15}{48}=\dfrac{1}{8}$	—	56	64	72	—	80	88	96
$\dfrac{28}{35}\times\dfrac{15}{48}=\dfrac{1}{4}$	—	28	32	36		40	44	48
$\dfrac{18}{45}\times\dfrac{35}{28}=\dfrac{1}{2}$		14	16	18		20	22	24
$\dfrac{28}{35}\times\dfrac{35}{28}=1$	—	7	8	9	—	10	11	12

由上述可见，CA6140 型卧式车床通过两组不同传动比的挂轮、基本组、增倍组以及轴Ⅻ、轴ⅩⅤ上两个滑移齿轮 Z_{25} 的移动(通常称这两滑移齿轮及有关的离合器为移换机构)加工出 4 种不同的标准螺纹。表 1-18 列出了加工四种螺纹时，进给传动链中各机构的工作状态。

表 1-18　CA61400 型车床车制各种螺纹的工作调整

螺纹种类	螺距/mm	挂轮机构	离合器状态	移换机构	基本组传动方向
米制螺纹	P	$\dfrac{63}{100}\times\dfrac{100}{75}$	M_5 结合 M_3、M_4 脱开	轴Ⅻ $\overrightarrow{Z25}$ 轴ⅩⅤ $\overrightarrow{Z25}$	轴ⅩⅢ-轴ⅩⅣ
模数螺纹	$P_m=\pi m$	$\dfrac{64}{100}\times\dfrac{100}{97}$			
英制螺纹	$P_a=\dfrac{25.4}{a}$	$\dfrac{63}{100}\times\dfrac{100}{75}$	M_3、M_5 结合 M_4 脱开	轴Ⅻ $\overleftarrow{Z25}$ 轴ⅩⅤ $\overleftarrow{Z25}$	轴ⅩⅣ-轴ⅩⅢ
径节螺纹	$P_{DP}=\dfrac{25.4\pi}{DP}$	$\dfrac{64}{100}\times\dfrac{100}{97}$			

(5) 车削非标准螺距螺纹和较精密螺纹。在加工非标准螺纹和精密螺纹时，M_3、M_4、M_5 全部啮合，运动由主轴经挂轮通过Ⅻ轴、ⅩⅣ轴、ⅩⅦ轴直接传给丝杠。被加工螺纹的导程通过调整挂轮的传动比来实现。这时，传动路线缩短，传动误差减小，螺纹精度可以得到较大提高。

◈ 【任务评价】

金属切削机床使用评价方式采取问答的方式进行考核，以学生进行互评和学生自评结合，如表 1-19 所示。

表 1-19　金属切削机床评价表

序号	项　目	配分	学生自评	学生互评	得分
1	讨论机床如何分类	10			
2	讨论机床牌号编制的方法	10			
3	说出 CA6140 车床的主要结构	10			
4	讨论 CA6140 车床车外圆、车螺纹的传动系统	70			
	总分	100			

任务6　机械加工工艺基础

◆ 【任务导入】

(1) 了解机器的工艺过程。

(2) 了解生产纲领。

(3) 知道生产纲领及特征。

(4) 学会编制工艺过程卡片、工艺卡片、工序卡片。

(5) 熟知工件的定位基准和工艺路线。

(6) 熟知工序顺序的安排。

(7) 掌握尺寸链的计算。

◆ 【任务分析】

机械加工工艺规程是规定产品或零部件机械加工工艺过程和操作方法等的工艺文件。它体现了生产规模的大小、工艺水平的高低与解决各种工艺问题的方法和手段。

◆ 【任务实施】

一、机器的生产过程与工艺过程

1. 生产过程

生产过程是指从原材料到机械产品出厂的全部劳动过程，包括：

(1) 毛坯的制造。

(2) 原材料的运输和保存。

(3) 生产准备和技术准备。

(4) 零件的机械加工及热处理。

(5) 产品的装配、检验、试车、油漆、包装等。

直接生产过程是指使被加工对象的尺寸、形状或性能、位置产生一定的变化，如零件的机械加工、热处理、装配等。间接生产过程是指不使加工对象产生直接变化，如工装夹具的制造、工件的运输、设备的维护等。

2. 机械加工工艺过程

机械加工工艺过程是生产过程的一部分，是对零件采用各种加工方法，直接用于改变毛坯的形状、尺寸、表面粗糙度以及力学物理性能，使之成为合格零件的全部劳动过程。工艺是使各种原材料、半成品成为成品的方法和过程。工艺过程是在生产过程中，凡是改变生产对象的形状、尺寸、相对位置和性质等，使其成为成品和半成品的过程。

机械加工工艺工程是由很多工序组成的。工序是指一个或一组工人，在一台机床或一个工作地点对一个或同时对几个工件所连续完成的那一部分工艺过程。划分工序的主要依据是工作地点是否改变和加工是否连续完成。对于同一零件，同样的加工内容，可以有不同的工序安排。工序包含若干个安装、工位、工步和走刀。

(1) 安装。如果在一个工序中要对工件进行几次装夹，则每次装夹下完成的那部分加工内容称为一个安装。

(2) 工位。在工件的一次安装中，通过分度(或移位)装置，使工件相对于机床床身变换加工位置，我们把每一个加工位置上的安装内容称为工位。一个安装中可能只有一个工位，也可能有几个工位。

(3) 工步。在加工表面不变、切削刀具不变、切削用量不变的情况下所完成的工位内容，称为一个工步。组成工步的任一因素(刀具、切削用量、加工表面)改变后为另一工步。连续进行的若干相同的工步，为简化工艺，习惯看作一个工步。为提高生产率，经常把几个待加工表面，用几把刀具同时进行加工，或采用复合刀具加工表面。采用复合刀具和多刀加工的工步称为复合工步。

(4) 走刀。切削刀具在加工表面上切削一次所完成的工步内容，称为一次走刀。一个工步可以包括一次或数次走刀。

二、生产类型与工艺特征

1. 生产纲领

生产纲领是指企业在计划期内应生产的产品产量和进度计划。计划期为1年的生产纲领称为年生产纲领。计划期常设定为1年，所以生产纲领又称年产量。

零件生产纲领要计入备品和废品的数量，可按照下列公式计算：

$$N = Qn(1 + a)(1 + b)$$

式中：Q——产品的年产量(台/年)；

n——每台产品中该零件的数量(件/台)；

a——备品百分率；

b——废品百分率。

2. 生产批量

生产批量是指一次投入或产出的同一产品(或零件)的数量。在生产过程中，应考虑以下几个因素：

(1) 资金周转要快。

(2) 零件加工、调整费用要少。

(3) 保证装配和销售必要的储备量。

生产批量可以按照下列公式计算：

$$n = \frac{NA}{F}$$

式中：n——每批中零件数量；

　　　N——年生产纲领中规定的零件数量；

　　　A——零件应储备的天数；

　　　F——一年中工作日天数。

3. 生产类型

生产类型是指企业(或车间、工段、班组、工作地)生产专业化程度的分类，一般分为单件生产、成批生产和大量生产三种类型。

生产纲领和生产类型的关系如表 1-20 所示。

表 1-20　生产类型与生产纲领的关系

生产类型		生产纲领(单位为台/年或件/年)		
		重型零件(30 kg 以上)	中型零件(4～30 kg)	轻型零件(4 kg 以下)
单件生产		≤5	≤10	≤100
成批生产	小批生产	>5～100	>10～150	>100～500
	中批生产	>100～300	>150～500	>500～5000
	大批生产	>300～100	>500～5000	>5000～50000
大量生产		>1000	>5000	>50000

4. 各种生产类型的工艺特征

生产类型不同，产品和零件的制造工艺、所用设备及工艺装备、采取的技术措施、达到的技术经济效果等也不同。各种生产类型的工艺特征如表 1-21 所示。

表 1-21　各种生产类型的工艺特征

工艺特征	生产类型		
	单件小批生产	中批生产	大批大量生产
加工对象	经常变换	周期性变换	固定不变
零件的互换性	无互换性，钳工修配	普遍采用互换或选配	完全互换或分组互换
毛坯	木模手工造型或自由锻，毛坯精度低，加工余量大	金属模造型或模锻，精度中等，加工余量中等	金属模机器造型、模锻或其他高生产率毛坯制造方法，毛坯精度高，加工余量小
机床及布局	通用机床按机群式排列	通用机床和专用机床按工件类别分工分段排列	广泛采用专用机床及自动化机床，按流水线排列

续表

工艺特征	生产类型		
	单件小批生产	中批生产	大批大量生产
工件安装方法	画线找正	广泛采用夹具，部分采用画线找正	夹具
获得尺寸的方法	试切法	调整法	调整法或自动加工
刀具和量具	通用刀具和量具	通用和专用刀具、量具	高效率专用刀具、量具
工人技术要求	高	中	低
生产率	低	中	高
成本	高	中	低

三、机械加工工艺规程

1. 机械加工工艺规程及作用

把比较合理的机械加工工艺过程用文件的形式确定下来，可作为施工依据。也就是把工艺过程和操作方法按一定的格式用文件的形式规定下来，就成为工艺规程。机械加工工艺规程的作用如下：

(1) 工艺规程是生产计划、调度、工人操作、质量检查的依据。

(2) 工艺规程是生产准备(包括技术准备)工作的基础，具体包括：

① 进行关键技术的分析与研究。

② 进行专用工装的设计、制造与采购。

③ 进行原材料及毛坯的供应。

④ 进行设备改造或新设备的购置或定做。

(3) 工艺规程是设计新建和扩建车间(工厂)的基础，具体包括：

① 确定生产需要的机床种类和数量。

② 确定机床布置和动力配置。

③ 确定车间面积。

④ 确定工人的工种和数量。

2. 机械加工工艺文件

机械加工工艺文件是把加工工艺文件的内容，按照一定原则填入规定统一格式的卡片中，作为生产准备和施工依据的工艺文件，其包括机械加工工艺过程卡片、机械加工工艺卡片、机械加工工序卡片三种。

1) 机械加工工艺过程卡片

该卡片以工序为单位，简要地列出整个零件加工所经过的工艺路线(包括毛坯制造、机械加工和热处理等)，是制订其他工艺文件的基础，也是生产准备、编排作业计划和组织生产的依据。机械加工工艺过程卡片内容不够具体，常作为生产管理文件使用，而不能作为指导工人技术的文件使用。在单件小批生产中，通常不编制详细的工艺文件，而以这种卡片来指导生产。机械加工工艺过程卡片见表 1-22。

表 1-22　机械加工工艺过程卡片

机械加工工艺过程卡片		产品型号		零件图号		共　页　　第　页			
		产品名称		零件名称					
材料牌号		毛坯种类		毛坯外形尺寸		每毛坯制件数	每台件数		备注
工序号	工序名称	工序内容		车间	工段	设备	工艺装备	工时	
								准终	单件
描图									
审核									
底图号									
装订号									
				设计（日期）	审核（日期）		标准化（日期）	会签（日期）	
标记	处数	更改文件号	签字	日期					

2) 机械加工工艺卡片

机械加工工艺卡片以工序为单位，详细地说明整个工艺过程的一种工艺文件，用来指导工人生产与帮助车间管理人员和技术人员掌握整个零件加工过程的主要技术文件，广泛用于成批生产的零件和重要零件的小批生产中。机械加工工艺卡片的内容包括零件的材料、重量、毛坯种类、工序号、工序名称、工序内容、工艺参数、操作要求、设备和工艺装备等。机械加工工艺卡片格式见表 1-23。

表1-23　机械加工工艺卡片格式

机械加工工艺卡片		产品型号		零(部)件图号		共　页
		产品名称		零(部)件名称		第　页
材料牌号		毛坯种类	毛坯外形尺寸	每毛坯件数	每台件数	备注

工序	工步	装夹	工序内容	同时加工零件数	设备名称	设备编号	工艺装备名称及编号			切削用量			技术等级	工时定额	
							夹具	刀具	量具	背吃刀量/mm	切削速度/(m·min⁻¹)	进给量/(mm·r⁻¹)		单件	准终

					编制(日期)	审核(日期)	会签(日期)
标记	处数	更改文件号	签字	日期			

3) 机械加工工序卡片

机械加工工序卡片是根据机械加工工艺卡片为一道工序制订的，更详细地说明整个零件各个工序的要求，是用来具体指导工人操作的工艺文件。在这种卡片上要画工序简图，说明该工序每一工步的内容、工艺参数、操作要求以及所用的设备及工艺装备。机械加工工序卡片一般用于大批大量生产的零件。机械加工工序卡片格式见表 1-24。

表 1-24　机械加工工序卡片

| 机械加工工序卡片 | 产品型号 | | 零件图号 | | 共　页 |
| | 产品名称 | | 零件名称 | | 第　页 |

	车间	工序号	工序名称	材料牌号
	毛坯种类	毛坯外形尺寸	每件毛坯可制件数	每台件数
	设备名称	设备型号	设备编号	同时加工件数
	夹具编号	夹具名称		切削液
	工位器具编号	工位器具名称		工序工时
				准终	单件

	工步号	工步内容	工艺装备	主轴转速/(r·min⁻¹)	切削速度/(m·min⁻¹)	进给量/(mm·r⁻¹)	背吃刀量/mm	进给次数	工步工时 准终	单件
描图										
描校										
底图号										
装订号										
			编制(日期)	审核(日期)	标准化(日期)	会签(日期)
标记	处数	更改文件号	日期	签字		

四、编制工艺规程的原则、步骤和内容

1. 编制工艺规程的原则

(1) 必须可靠地保证零件图纸上所有技术要求的实现。

(2) 在满足规定的生产纲领和生产批量时，一般要求工艺成本最低。

(3) 充分利用现有生产条件，少花钱，多办事。

(4) 尽量减轻作业人员的劳动强度，保障生产安全，创造良好、文明的劳动条件。

2. 编制工艺规程的步骤和内容

(1) 阅读装配图和零件图。了解产品的用途、性能和工作条件，熟悉零件在产品中的地位和作用。

(2) 进行工艺审查。审查图纸上的尺寸、视图和技术要求是否完整、正确、统一，找出主要的技术要求，分析关键的技术问题；审查零件的结构工艺性。

(3) 熟悉、确定毛坯。确定毛坯的主要依据是零件在产品中的作用和生产纲领以及零件本身的结构。

(4) 拟订机械加工工艺路线。

(5) 确定满足各工序要求的工艺装备(机床、刀具、夹具、量具)，对需要改装或重新设计的专用工艺装备应提出具体的设计任务书。

(6) 确定各主要工序的技术要求和检验方法。

(7) 确定各工序的加工余量，计算工序尺寸和公差。

(8) 确定切削用量。

(9) 确定时间定额。

(10) 填写工艺文件。

五、工艺路线的制订

1. 定位基准的选择

1) 粗基准的选择

未经机械加工的定位基准称为粗基准。机械加工工艺规程中第一道加工工序所采用的定位基准都是粗基准。粗基准的选择原则如下：

(1) 保证相互位置精度要求。如要保证工件上加工面与不加工面的相互位置要求，应以不加工面为粗基准。

(2) 保证加工表面加工余量合理分配。如要首先保证工件某重要表面的余量均匀，应选择该表面的毛坯面为粗基准。

(3) 便于工件装夹。选择粗基准时，必须考虑定位准确，夹紧可靠，夹具结构简单，操作方便等。这样要求选用的粗基准尽可能平整、光洁，尺寸足够大，不允许有锻造飞边，浇铸浇口或其他缺陷。

(4) 粗基准一般不得重复使用。若能采用精基准定位，则粗基准一般不应被重复使用。

2) 精基准的选择

精基准以机械加工过的表面作为定位基准。精基准的选择原则如下：

(1) 基准重合原则。应尽可能地选择被加工表面的设计(工序)基准为精基准。

(2) 基准统一原则。若工件以某一精基准定位，可以比较方便地加工大多数或所有其他表面，则应尽可能地把这个基准面加工出来，并达到一定精度，以后工序均以它为精基准加工其他表面。

(3) 互为基准原则。

(4) 自为基准原则。

(5) 便于装夹原则。所选择的精基准，应能保证工件定位准确、可靠，并尽可能使夹具结构简单，操作方便。

2. 加工经济精度与加工方法的选择

1) 加工经济精度

加工经济精度是指在正常加工条件下(采用符合质量标准的设备和工艺装备，使用标准技术等级工人，不延长加工时间)一种加工方法所能保证的加工精度和表面粗糙度。

各种加工方法所能达到的加工精度和表面粗糙度都是在一定的范围内的。任何一种加工方法只要精心操作，细心调整，选择合适的切削用量，加工精度就可以提高，表面粗糙度就可以减小，但所耗费的时间与成本也会增加。

2) 加工方法的选择

(1) 应根据每个加工表面的尺寸、形状、位置、精度及表面粗糙度，对照各种加工方法能达到的精度及粗糙度，选择最合理的加工方法。

(2) 加工方法的选择常常受到工件材料性质的限制。例如，淬火钢淬火后应采用磨削加工，而非铁金属磨削困难，常采用金刚镗或高速精密车削来进行加工。

(3) 选择加工方法时要考虑生产纲领，即生产效率和经济性问题。例如，在大批大量生产中可选用高效的加工方法，采用专用设备；在加工平面和孔时，可采用拉削加工。

(4) 选择加工方法时考虑本厂(本车间)的现有设备和生产条件，即充分利用本厂的现有设备和工艺装备。

3. 典型表面的加工路线

1) 外圆表面的加工路线

(1) 粗车→半精车→精车。此加工路线应用最广，可以加工满足 IT≥IT7，$Ra≥0.8$ μm 的外圆。

(2) 粗车→半精车→粗磨→精磨。此加工路线适用于有淬火要求、IT≥IT6，$Ra≥0.16$ μm 的黑色金属。

(3) 粗车→半精车→精车→金刚石车。此加工路线适用于有色金属、不宜采用磨削加工的外用表面。

(4) 粗车→半精车→粗磨→精磨→研磨、超精加工、砂带磨、镜面磨。此加工路线的目的是减少粗糙度，提高尺寸精度、形状和位置精度。

2) 孔的加工路线

(1) 钻→粗拉→精拉。此加工路线适用于大批大量生产盘套类零件的内孔，以及单键孔和花键孔，加工质量稳定，生产效率高。

(2) 钻→扩→铰→手铰。此加工路线适用于中小孔加工，扩孔前必须纠正位置精度，铰孔要保证尺寸、形状精度和表面粗糙度。

(3) 钻或粗镗→半精镗→精镗→浮动镗或金刚镗。

(4) 钻(粗镗)粗磨→半精磨→精磨→研磨或衍磨。此加工路线适用于淬硬零件加工或精度要求高的孔加工。

3) 平面的加工路线

(1) 粗铣→半精铣→精铣→高速铣。此加工路线在平面加工中常用，视被加工面精度和表面粗糙度技术要求，灵活安排工序。

(2) 粗刨→半精刨→精刨→宽刀精刨、刮研或研磨。此加工路线应用广泛，生产率低，常用于窄长面的加工，最终工序安排也视加工表面的技术要求而定。

(3) 铣(刨)→半精铣(刨)→粗磨→精磨→研磨、精密磨、砂带磨、抛光。加工表面是否需要淬火，最终工序视加工表面的技术要求而定。

(4) 拉→精拉。此加工路线适用于大批量生产有沟槽或台阶的表面。

(5) 车→半精车→精车→金刚石车。此加工路线适用于有色金属零件的平面加工。

4. 工序顺序的安排

1) 工序顺序的安排原则

(1) 先加工基准面，再加工其他表面。工艺路线开始安排的加工面应是选作定位基准的精基准面，然后以精基准面定位加工其他表面。为保证一定的定位精度，当加工面的精度要求高时，精加工前一般应先精修一下精基准面。

(2) 先加工平面，后加工孔。当零件有较大平面可作为定位基准时，先加工定位面，以面定位加工孔。毛坯面上直接钻孔钻夹易偏，若该平面需要加工则在钻孔前加工。

(3) 先加工主要表面，后加工次要表面。

(4) 先安排粗加工工序，后安排精加工工序。

2) 热处理工序及表面处理工序的安排

(1) 为改善切削性而进行的热处理工序(退火、正火、调质→预备热处理)用于切削加工前。

(2) 为了消除内应力而进行的热处理(人工时效、退火、正火)安排用于粗加工之后。

(3) 为改善材料力学物理性质，半精加工后精加工前安排淬火。淬火→回火→渗碳淬火等热处理工序。

(4) 精密零件在淬火后安排冷处理以稳定零件尺寸。

(5) 提高零件表面耐磨性或耐腐蚀性而安排的热处理工序，以及以装饰为目的而安排的热处理工序(镀铬、阳极氧化、镀锌、发蓝)一般放在工艺过程的最后。

3) 其他工序的安排

(1) 检验工序。检验工序安排在零件加工完毕之后,从一车间转到另一车间前后,关键工序的前后。

(2) 尺寸检验、X 射线检查、超声波探伤等用于工件内部的质量检查,一般安排在工艺过程的开始。磁力探伤、荧光检验等用于工件表面质量的检验,在精加工前后进行。密封性检验、零件平衡、零件的重量检验在工艺过程的最后进行。

(3) 去毛刺处理在切削加工后、装配工件前安排。

(4) 清洗工件一般安排在进入装配之前。

5. 工序的集中与分散

1) 工序集中

工序集中是指使每个工序中包括尽可能多的工步内容,从而使总的工序数目减少。工序集中的优点是:

(1) 有利于保证工件各加工面之间的位置精度。

(2) 有利于采用高效机床,可节省工件装夹时间,减少工件搬运次数。

(3) 可减小生产面积,并有利于管理。

2) 工序分散

工序分散是指使每个工序的工步内容相对较少,从而使总的工序数目较多。工序分散的优点是:

(1) 每个工序使用的设备和工艺装备相对简单,调整、对刀比较容易。

(2) 每个工序对操作工人技术水平的要求不高。

3) 工序集中与工序分散的应用

传统的流水线、自动线生产多采用工序分散的组织形式(个别工序亦有相对集中的情况)。多品种、中小批量生产,为便于转换和管理,多采用工序集中方式。当前市场需求多变,对生产过程的柔性要求越来越高,工序集中将逐渐成为生产的主流方式。

6. 加工阶段的划分

1) 划分加工阶段的原因

一般而言,划分加工阶段有以下几个原因:

(1) 保证加工质量。在粗加工时,夹紧力大,切削力大,切削热大,容易引起变形,划分加工阶段可以消除粗加工引起的变形。

(2) 合理使用设备。粗加工设备功率大,刚性好,切削用量大,但精度低,不适合加工精度高的零件;精加工设备功率小,刚性较好,但精度高,适合加工精度高的零件。

(3) 及时发现毛坯缺陷。在粗加工时发现毛坯的缺陷,可以及时修补或报废,以免后续浪费工时和加工费用。

(4) 便于安排热处理工序。

2) 加工阶段的划分

加工阶段一般划分为以下几个阶段：

(1) 粗加工阶段。这一阶段的目的是提高生产率，去除加工面的大部分余量。

(2) 半精加工阶段。这一阶段的目的是减少粗加工留下的误差，使加工面达到一定的精度，为精加工做准备。

(3) 精加工阶段。这一阶段的目的是保证工件的尺寸、形状和位置精度达到或基本达到图纸规定的精度要求及表面粗糙度要求。

(4) 精密、超精密或光整加工阶段。对精度要求很高的工件，在工艺过程的最后安排衍磨、研磨、精密磨、超精加工、金刚车、金刚镗或其他特种方法加工，以达到最终的精度要求。

六、加工余量和工序尺寸的确定

1. 加工余量的概念

加工余量是指在机械加工过程中，为改变工件的尺寸和形状而切除的金属层的厚度。余量的大小对零件的加工余量和生产率有较大影响。余量大会增大机加工劳动量，降低生产率，增加材料、工具、能源消耗，提高成本，余量小又不能消除前道工序留下的误差及其表面缺陷，甚至产生废品。因此，必须合理确定加工余量。

2. 加工总余量(毛坯余量)与工序余量

(1) 加工总余量：毛坯尺寸与零件设计尺寸之差，其大小取决于加工过程中每个工序切除金属层厚度的总和。

(2) 工序余量：每一工序所切除的金属层厚度称为工序余量。

加工总余量和工序余量之间的关系用下式表示：

$$Z_0 = \sum_{i=1}^{n} Z_i$$

式中：Z_0——加工总余量(毛坯余量)；

　　　Z_i——各工序余量；

　　　n——工序数。

(3) 单边余量：零件非对称结构的非对称表面其加工余量一般为单边余量，如平面、端面、槽深余量，它等于实际切除的金属层的厚度。

(4) 双边余量：零件对称结构的对称表面其加工余量一般为双边余量。

(5) 余量公差：因为工序尺寸有公差，所以加工余量也必然在某一公差范围内变化，余量公差大小等于本道工序尺寸公差与上道工序尺寸公差之和。

3. 工序余量的影响因素

第一道粗加工工序余量与毛坯制造精度有关。毛坯制造精度高，则第一道粗加工序的加工工序余量小；毛坯制造精度低，则第一道粗加工序的加工余量就大。其他工序的工序余量的影响因素有以下几个方面：

(1) 上道工序的尺寸公差 T_a。本工序应切除上道工序尺寸公差中包含的各种可能产生的误差。

(2) 上道工序产生的表面粗糙度 Ry 和表面缺陷层深度 H_a。

(3) 上工序留下的需单独考虑的空间误差 ε_a。这些误差可能是上道工序加工方法带来的，也可能是热处理后产生的，还可能是毛坯带来的。

(4) 本工序的装夹误差 ε_b，包括定位误差和夹紧误差。此项误差直接影响被加工表面和切削刀具的相对位置，所以加工余量中应该包括此项误差。

因此，加工余量的计算公式如下：

单边余量：

$$Z_{min} = T_a + Ry + H_a + \lfloor \varepsilon_a + \varepsilon_b \rfloor$$

双边余量：

$$Z_{min} = \frac{T_a}{2} + Ry + H_a + \lfloor \varepsilon_a + \varepsilon_b \rfloor$$

4. 加工余量的确定

(1) 计算法。计算法用于在影响因素清楚的情况下采用，且不能离开具体的加工方法和条件，要具体情况具体分析。

(2) 查表法。查表法以工厂生产实践和实验研究积累的经验所制成的表格为基础，并结合实际情况加以修正，确定加工余量。此法方便、迅速，应用广泛。

(3) 经验法。通常有经验的工程技术人员或工人根据经验确定加工余量的大小。

5. 工序尺寸公差的确定

每道工序完成后应保证的尺寸称为该工序的工序尺寸。工件上的设计尺寸及其公差是经过各加工工序后得到的。每道工序的工序尺寸都不相同，它们逐步向设计尺寸接近。为了最终保证工件的设计要求，各中间工序的工序尺寸及其公差需要计算确定。

(1) 确定方法：采用倒推法。

(2) 顺序：从最后工序开始(即从设计尺寸开始)到第一道加工工序，逐次加上每道加工工序余量，得到各工序的基本尺寸(包括毛坯尺寸)。

(3) 公差等级：中间各工序尺寸公差等级都按照经济精度确定，即在 IT8 及 IT8 以下。

(4) 极限偏差：按入体原则确定，即轴取基本偏差 h，孔取基本偏差 H，长度取 ±IT/2。毛坯尺寸公差及偏差按相应的标准确定。

【例 1-1】　某轴的直径为 $\phi 50$ mm，其尺寸精度为 IT5，表面粗糙度 Ra 为 0.04 μm，要求高频淬火，毛坯为锻件，工艺路线为粗车—半精车—高频淬火—粗磨—精磨—研磨。计算各工序的工序尺寸和公差。

(1) 查表确定加工余量：

研磨余量为 0.01 mm，精磨余量为 0.1 mm，粗磨余量为 0.3 mm，半精车余量为 1.1 mm，

粗车余量为 4.5 mm，加工的总余量为 6.01 mm，总余量修正为 6 mm，粗车余量修正为 4.49 mm。

(2) 计算各加工工序的基本尺寸：

研磨尺寸：50 mm；

精磨尺寸：50 mm + 0.01 mm = 50.01 mm；

粗磨尺寸：50.01 mm + 0.1 mm = 50.11 mm；

半精车尺寸：50.11 mm + 0.3 mm = 50.41 mm；

粗车尺寸：50.41 mm + 1.1 mm = 51.51 mm；

毛坯尺寸：51.51 mm + 4.49 mm = 56 mm。

(3) 确定各工序的加工经济精度和表面粗糙度：

研磨：IT5，$Ra = 0.04\ \mu m$；

精磨：IT6，$Ra = 0.16\ \mu m$；

粗磨：IT8，$Ra = 1.25\ \mu m$；

半精车：IT11，$Ra = 2.5\ \mu m$；

粗车：IT13，$Ra = 16\ \mu m$。

(4) 按入体原则标注工序尺寸和公差，查表确定毛坯公差为± 2 mm。

6. 尺寸链及计算

当工序尺寸或定位基准与设计基准不重合时，工序尺寸及其公差的计算比较复杂，需要用工艺尺寸链来进行分析。

在机器装配或零件加工过程中，互相联系且按一定顺序排列的封闭尺寸组合，称为尺寸链。其中，由单个零件在加工过程中的各有关工艺尺寸所组成的尺寸链，称为工艺尺寸链。

1) 工艺尺寸链的特征

工艺尺寸链具备关联性和封闭性。工艺尺寸链的每个尺寸称为环，如图 1-33 所示。

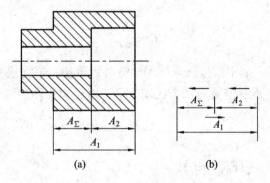

图 1-33 工艺尺寸链的形式

(1) 封闭环。工艺尺寸链中间接得到、最后保证的尺寸，称为封闭环。一个工艺尺寸链中只能有一个封闭环。

(2) 组成环。工艺尺寸链中除封闭环以外的其他环，称为组成环。组成环又可分成增环和减环。增环是当其他组成环不变时，该环增大(或减小)使封闭环随之增大(或减小)的组成环，用 $\overleftarrow{A_i}$ 表示。减环是当其他组成环不变时，该环增大(或减小)使封闭环随之减小(或增大)的组成环，用 $\overleftarrow{A}_j$ 表示。

组成环的判别：在工艺尺寸链上，先给封闭环任定一方向并画出箭头，然后沿此方向环绕尺寸链回路，依次给每一组成环画出箭头，凡箭头方向和封闭环相反的则为增环，相同的则为减环。工艺尺寸链的每一个尺寸都称为环。

2) 工艺尺寸链的计算

尺寸链的计算包括封闭环的基本尺寸、极限尺寸、偏差等。

(1) 封闭环的基本尺寸 A_0：

$$A_0 = \sum_{i=1}^{n} \overrightarrow{A}_i - \sum_{j=n=1}^{m} \overleftarrow{A}_j$$

式中：n——增环的环数；

m——组成环的总环数。

(2) 封闭环的极限尺寸($A_{0\max}$、$A_{0\min}$)：

$$A_{0\max} = \sum_{i=1}^{n} \overrightarrow{A}_{i\max} - \sum_{j=n+1}^{m} \overleftarrow{A}_{j\min}$$

$$A_{0\min} = \sum_{i=1}^{n} \overrightarrow{A}_{i\min} - \sum_{j=n+1}^{m} \overleftarrow{A}_{j\max}$$

(3) 封闭环的上下偏差(ES_0、EI_0)：

$$ES_0 = \sum_{i=1}^{n} \overrightarrow{ES}_i - \sum_{j=n+1}^{m} \overleftarrow{EI}_j$$

$$EI_0 = \sum_{i=1}^{n} \overrightarrow{EI}_i - \sum_{j=n+1}^{m} \overleftarrow{ES}_j$$

(4) 封闭环公差(T_0)：

$$T_0 = \sum_{i=1}^{m} T_i$$

(5) 平均尺寸计算。采用极值法求解尺寸链时还可使用平均尺寸计算法。当组成环的尺寸公差对称分布时，此种解算方法会比较简单。将已知各环的偏差写成对称分布形式：

$$A_{\text{iav}} \pm \frac{1}{2} T_i$$

其中：$A_{\text{iav}} = A_i + \Delta_i$，$\Delta_i = \frac{1}{2}(ES_i + EI_i)$。

尺寸链的解算可分为两种类型。

① 正计算：已知全部组成环的极限尺寸，求封闭环的极限尺寸。正计算常用于根据初步拟订的工序尺寸及公差验算加工后的工件尺寸是否符合设计图纸的要求，以及验算加工余量是否足够。

② 反计算：已知封闭环的极限尺寸，求某一个或几个组成环的极限尺寸。通常在制订工艺规程确定工序尺寸时，由于基准不重合而需要进行的尺寸换算就属于反计算。

◈ 【任务评价】

任务采取问答的方式进行考核，学生互评和自评相结合，完成表1-25。

表 1-25 机械加工工艺基础评价表

序号	项　　　目	配分	学生互评	学生自评	得分
1	讨论机械加工工艺过程包含的内容	15			
2	模仿制作工艺过程卡片、工艺卡片、工序卡片	45			
3	讨论如何根据实际情况选择位基准和选择工艺路线	15			
4	讨论工序顺序安排的优缺点	10			
5	学会计算尺寸链	15			
	总分	100			

项目二　轴类零件车削工艺

学习目标

(1) 掌握工件的装夹方法及细长轴的车削方法。
(2) 掌握螺纹的基本知识。
(3) 了解蜗杆螺纹、三角螺纹的车削方法。
(4) 掌握球面梯形螺纹轴的车削方法。
(5) 掌握单拐曲轴的车削方法。
(6) 掌握偏心件的装夹、偏心距的检测以及车削方法。

任务1　车削细长轴

◈【任务导入】

图 2-1 所示为工程中常见的细长轴，该轴具有细长的特点，车削过程不易控制，需选取较特殊的装夹方式，才能保证零件的加工质量。学习本任务的理论知识，通过反复实践操作，熟练掌握长轴的车削工艺和技能，并达到中级工水平。

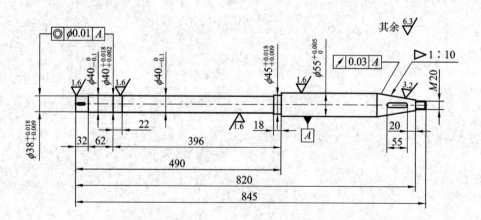

图 2-1　细长轴零件

◈【任务分析】

1．读图

通过认真读图可知，主要信息有：该工件为轴类零件，最大直径为 $\phi50^{+0.005}_{0}$ mm；总长度为 845 mm；外圆精加工五处，1∶10 圆锥一处；M20 普通螺纹一处；表面粗糙度 $Ra = 1.6$ μm 四处，$Ra = 3.2$ μm 一处；形位公差基准为 $\phi45$ mm 的中心轴线；对 $\phi38$ mm 及 $\phi40$ mm 的轴线有同轴度 $\phi0.1$ mm 的要求；对 1∶10 圆锥表面有圆跳动要求。

2．工艺准备

(1) 毛坯材料：直径 $\phi60$ mm、长度 850 mm 的圆钢(经调质处理)。

(2) 设备工具：CA6140 普通车床，B4 中心钻，钻夹 5 号，活顶尖，合金顶尖，黄油。

(3) 刀具：45°外圆粗车刀，90°外圆粗车刀，90°外圆精车刀，三角螺纹车刀，倒角车刀，切断刀。

(4) 量具：300 mm 游标卡尺，1000 mm 钢板尺，150 mm 游标卡尺，25～50 mm 千分尺，50～75 mm 千分尺，万能角度尺，百分表，三角螺纹环规。

3．工艺过程

(1) 钻床钻一端中心孔。

(2) 车床上，三爪卡盘装夹，一夹一顶粗车外圆四处，平端面。

(3) 掉头装夹，安装中心架，车端面，车总长，车 $\phi30$ mm、长度为 25 mm 的圆钢，钻另一端中心孔。

(4) 热处理。

(5) 研磨两端的中心孔。

(6) 夹一顶，粗车、精车各外圆，车螺纹，倒角，检查工件各部分尺寸。

4．工序步骤

细长轴工序步骤如表 2-1 所示。

表 2-1　细长轴工序步骤

序号	设备	装夹方式	加工内容	加 工 步 骤	备　注
1	立式钻床	平口钳	画线冲眼钻中心孔	在工件端面画出中心位置的十字线；打出样冲眼；在立式钻床上钻出中心孔	当毛坯料较长或较粗，无法伸进主轴孔内时，也可以用手电钻钻出中心孔。中心孔可适当加深 1 mm，留给端面加工时的余量

序号	设备	装夹方式	加工内容	加 工 步 骤	备　注
2	CA6140普通车床	三爪卡盘一夹一顶	装夹	把工件装夹在三爪卡盘上，另一端用活顶尖顶住	车到不碰到顶尖为止
			粗车	用 90°外圆粗车刀粗车 $\phi40$ mm 的外圆	直径为 $\phi45$ mm，长度为 470 mm
				用 90°外圆粗车刀粗车 $\phi45$ mm 的外圆	直径为 $\phi50$ mm，长度为 18 mm
				用 90°外圆粗车刀粗车 $\phi55$ mm 的外圆	直径为 $\phi60$ mm，长度为卡爪外 3 mm
3	CA6140普通车床	三爪卡盘中心架一夹一顶	装夹	掉头装夹，用三爪卡盘夹住 $\phi60$ mm 的外圆	中心架接触爪处用机油充分润滑
			中心架	用中心架架在工件端面左边 60 mm 的位置	
			找正	找正工件位置。用转速 $n=100$ mm/min 开车，先调整中心架下边两个爪轻轻接触工件，再调整上边一个爪接触工件。用转速 $n=200\sim300$ r/min 开车检查	
			粗车	用 45°外圆粗车刀粗车工件端面	到总长 + 1 mm
			钻中心孔	用 B4 中心钻钻中心孔	
			顶尖	安装活顶尖	
			粗车	用 45°外圆粗车刀粗车 $M20$ 螺纹轴外圆	到 $\phi30$ mm
			检查	检查各部分尺寸	合格卸下尺寸
4			调质	热处理	
5	CA6140普通车床	三爪卡盘一夹一顶三爪卡盘	清洁	用手工方法去除中心孔内黑皮杂物等	
			装夹	把工件装夹在三爪卡盘上，另一端用尾座顶尖支撑	
			检查	用百分表检查工件中部位置的跳动量	
			研磨	用三爪卡盘卡住工件，工件另一端用尾座上的中心孔研磨刀支承在中心孔内。车床以 $n=300$ r/min 开车，研磨中心孔	加注机油研磨 5 min 后，退出研磨刀
			检查	用同样的方法研磨另一个中心孔	中心孔内锥面应光滑、完整

序号	设备	装夹方式	加工内容	加工步骤	备注
6	CA6140普通车床	三爪卡盘一夹一顶	装夹	用三爪卡盘卡住ϕ30 mm 的外圆，另一端用活顶尖顶牢	
			半精车	用 90°外圆精车刀半精车ϕ38 mm 外圆	转速 $n=500$ r/min，走刀量为 0.26 mm/r，到 39.5 mm，长度为 32 mm
				用 90°外圆精车刀半精车ϕ40 mm 外圆	直径为ϕ42 mm，长度为 440 mm
				用 90°外圆精车刀半精车ϕ55 mm 外圆，用切断刀车 820 mm 长度	直径为ϕ57 mm
			粗车	用 45°外圆粗车刀粗车ϕ45 mm 台阶外圆	直径为ϕ47 mm，长度为 18 mm
			精车	用 90°外圆精车刀分两刀精车$\phi38^{+0.018}_{+0.009}$ mm 外圆	$n=750$ r/min，$f=0.08$ mm/r，长度为 32 mm，$Ra=1.6$ μm
				用 90°外圆精车刀分两刀精车$\phi55^{+0.005}_{0}$ mm 外圆	$Ra=1.6$ μm
				用 90°外圆精车刀精车 1:10 圆锥面	$Ra=3.2$ μm
				用 90°外圆精车刀分两刀精车$\phi40^{+0.018}_{+0.002}$ mm 外圆	到尺寸 $Ra=1.6$ μm
				用 90°外圆精车刀精车$\phi40^{0}_{-0.1}$ mm	两处，长 = 22 mm
				用 90°外圆精车刀分两刀精车$\phi45^{+0.016}_{+0.002}$ mm 外圆	到尺寸 $Ra=1.6$ μm
			倒角	用倒角车刀倒角ϕ38 mm 外圆锐角，用倒角刀倒其余外圆锐角	$1\times45°$，其余为 $0.5\times45°$
			检查	检查各部分尺寸	合格
7	CA6140普通车床	三爪卡盘一夹一顶	装夹	调头装夹，用三爪卡盘卡住ϕ45 mm 左边$\phi40^{0}_{-0.1}$ mm 外圆部分，另一端用活顶尖顶牢	
			精车	用 90°外圆精车刀精车 M20 螺纹轴外圆	$n=200$ r/min，到ϕ19.8 mm
			倒角	用倒角车刀倒角 M20 螺纹轴外圆锐角	$2\times45°$
			车螺纹	用三角螺纹车刀车 M20 三角螺纹	
			检查	用三角螺纹环规检查三角螺纹，检查工件的各部分尺寸	合格，卸下工件

5. 注意事项

(1) 车削中间位置带有台阶的细长轴时，工件的中间部分容易产生弯曲，加工时应尽量控制切削温度。精车时，装卡力不宜过大，否则切削应力、切削热将使工件的中间部分因热膨胀产生变形，导致形位公差难以控制在规定的形位公差值以内。加工时，把最容易出现跳动的部位放在最后精车加工。

(2) 该工件虽然两端均有中心孔，但在精车加工时仍采用一夹一项的方式。这是因为该工件的所有主要部位的外圆尺寸能够在一次装夹中车削完毕。这样可避免两项尖装夹刚性不足，易产生振动。

(3) 车削圆锥面时，可用百分表的测量杆，在通过工件中心的水平面内、垂直于工件的轴线上测量锥面。当小拖板轴向移动 50 mm 长度时，指针数值应为 2.5 mm。此时圆锥符合要求。

(4) 使用中心架车削时，工件外圆找正后，卡紧工件。用 100 r/min 的速度转动工件，先把中心架下边的两卡爪轻轻调整到工件选择表面，然后调整中心架上的另一只卡爪与工件表面接触。中心架在使用过程中，要加入机油充分润滑，以减少卡爪的磨损。

◆ 【任务实施】

一、工件的装夹

车削零件时首先要把零件装夹在卡盘、心轴或夹具上，经过必要的校正才能进行车削。装夹可分为粗基准装夹和精基准装夹两种。为确保安全装夹工件，应将主轴变速手柄置于空挡位置。

1. 粗基准装夹

零件用未经加工的毛坯表面作为定位基准，这种定位基准称为粗基准。根据形式不同，毛坯料可分为棒料和铸锻件。车削中小零件时最常用的毛坯料是棒料，其截面为圆形、正方形和六方形等。其装夹方式有以下几种：

1) 在三爪卡盘上装夹

对于毛坯为圆形、六方形棒料的短小零件，用三爪卡盘装夹能自动定心，装夹方便。一般不需要校正，夹紧后可直接车削。为了保证较高的同轴度、垂直度及各表面的相互位置，最好能在一次装夹中完成车削。

2) 用三爪卡盘和顶尖装夹

对于长度与直径之比超过 6 的较长零件，可在三爪卡盘装夹的同时，配合用活顶尖顶另一端。这种装夹方法比较牢固，允许较大的切削用量。适合用于单件小批量的轴类零件车削。

3) 用两顶针和拨盘(或鸡心夹头)装夹

这种装夹方式在零件两端打中心孔，以中心孔定位安装在两个顶针之间，用拨盘(或鸡心夹头)通过卡箍带动零件旋转。

两顶针必须在同一直线上。安装在主轴锥孔中的顶针跳动量不大于 0.1 mm。安装在尾座的顶针可以调整，使之对中。床尾套筒不能伸出太长，一般为 30～60 mm。一般采用死顶针。为减少摩擦，在中心孔内加钙基润滑脂。注意：两顶针不能顶太紧，否则会把顶针烧坏；当然也不能顶太松，以避免振动。若加工细长轴，在车削中途还需经常松开顶针，再顶好。这种装夹方式多用于低速时的精车，如精车丝杠及型面等。

4) 用两顶针和三爪卡盘装夹

当没有专用拨盘和前顶针时，可采用这一方式。在三爪卡盘上夹紧一根棒料并车出 60°的前顶针，零件用卡箍固紧，以卡盘爪代替拨杆带动零件转动。慢速精车时，尾顶尖采用死顶针。高速精车时，尾顶针采用活动顶针。这种方法适用于余量不大的精车，车削时可选用较大的切削速度。

5) 快速装夹法

对于棒料的装夹，还可以采用梅花顶针、光面反向顶针与尾座活动顶针配合使用，利用顶紧时的摩擦力带动零件转动，这种装夹方式称为快速装夹法。这种装夹方式迅速、简便，可减少辅助时间，能实现不停车装卸零件。

6) 用四爪卡盘装夹

对于正方形、长方形棒料或偏心件、不规则外形零件，当不适合使用三爪卡盘装夹时，可采用四爪卡盘装夹。这类装夹方式在装夹前要先在零件表面画线，确定圆心位置，按圆心位置校正后夹紧。

2. 精基准装夹

用已加工过的表面作为继续加工其他表面的定位基准，这种定位基准称为精基准。内孔、外圆、锥面都可作为精基准。选择精基准应尽可能选用装配或工作的定位基准作为精基准。例如，齿轮零件应以内孔作为定位车削其他表面；而钻头、立铣刀等工件要以尾部莫氏锥体作基准车削其他表面，以保证较高的同轴度。

精基准可选择一个或数个，但应尽可能只用一个精基准在一次装夹中完成全部车削工作。精基准要求有足够的刚性，在车削过程中不因切削力和夹紧力而产生变形，还要求有一定精度，装夹时具有一定的互换性。

3. 定位基准原则

(1) 作为定位基准的表面要规矩、平直、光滑，要有足够的幅度。尽量避免利用铸、锻造斜度的面或离心铸造的表面作为定位基准，以保证装夹定位可靠，防止车削时零件偏离基准。

(2) 如果零件有不需要加工的表面，应选择不加工表面作为定位基准，以保证较好的同轴度和壁厚均匀一致。

(3) 如果零件各个表面均需加工，应选择加工余量最小的表面作为基准，以保证所有表面能全部车出。

(4) 对于薄壁的套筒零件，装夹时要注意防止变形。需要时可采用外加开口套筒法，即车一铸铁铁套圈，孔比工件夹持部位小 0.5 mm，沿轴线方向锯一通槽(开口)，把套筒轻轻夹持在卡盘上，台阶与夹爪靠平，精车孔使孔径尺寸比夹持零件直径大 0.01～0.03 mm，将零件放入套中，卡盘把套筒夹紧即可。

4. 工件的校正

为保证工件的加工精度，工件装夹之后要进行校正。常用的校正方法有三种，即铜棒校正法、划针盘校正法和百分表校正法。

1) 铜棒校正法

如图 2-2 所示，在刀架上装夹一铜棒(铝棒或硬木块)，将经过粗车的零件轻微用力夹持在三爪卡盘上，开动车床低速旋转，使铜棒接触零件外端外圆或端面，再略加压力，直到使零件表面与铜棒完全接触为止，停车后再夹紧零件。

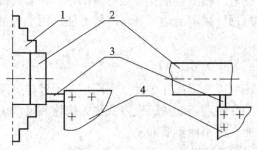

1—卡盘；2—工件；3—铜棒；4—刀架

图 2-2　铜棒校正法

这种方法迅速准确，能达到一定的精度。如果被校零件表面光滑，一般径向跳动和轴向跳动不会大于 0.02 mm。这种方法适用于校正较短的轴类零件外圆及中型盘类零件端面，也可校正圆棒毛料；但不宜校正长轴或表面不平的铸、锻件。

2) 划针盘校正法

如图 2-3 所示，将划针尖放在离工件表面 0.2～0.5 mm 处。慢慢转动卡盘，看哪处表面离针尖远，将远点的卡爪松开，拧动对面卡爪。这样反复几次，直到工件校正为止。对于较短的工件或薄型工件，还要校正端面。校正时，把划针放在离端面较近的边缘处，慢慢转动盘，看哪处离针尖近，用铜锤或木棒轻敲，直到各处距离相等为止。此方法比较麻烦，它适用于大型或形状不规则的工件。

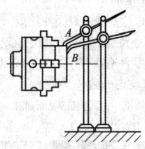

图 2-3　划针盘校正法

3) 百分表校正法

在精车、半精车时，为保证待加工表面对已加工表面的相对位置，保证同轴度、垂直度达到一定的精度要求，可用百分表校正。

如图 2-4 所示，将百分表夹在刀架上，零件装夹在卡盘上。首先初校靠近卡爪一端的零件外圆表面，用手扳动卡盘旋转，调整卡爪，使百分表读数在 0.02 mm 之内。然后移动大拖板，带动百分表移到零件外端，再旋转卡盘，并用铜棒敲动零件的外端外圆表面进行调整，使百分表读数在 0.01 mm 之内。再复校卡爪一端的外圆表面并返回复校外端外圆表面。这样反复多次校正，直至符合要求。用百分表校正时，表针压进量不宜过大，否则会影响灵敏度，降低校正精度。

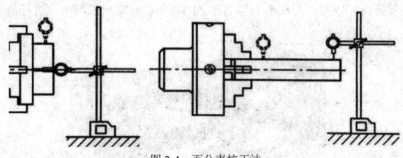

图 2-4　百分表校正法

二、细长轴的加工

一般认为，当工件长度与直径之比大于 25(即 $L/d > 25$)时，称为细长轴。细长轴刚性较差，车削时受切削力的影响，会产生振动而弯曲，而且 L/d 值越大，加工难度越大。所以，车削细长轴需采用特殊装置中心架和跟刀架。

1. 中心架及其使用

如图 2-5 所示，中心架有三个卡爪，卡爪前端镶有铸铁、青铜(或夹布胶木和尼龙 1010)等材料，以减小材料间的摩擦系数，减轻零件划伤。其中使用效果最好的是青铜和尼龙 1010制成的卡爪。中心架的使用方法有以下 3 种。

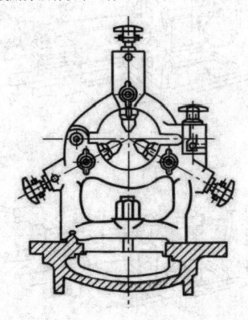

图 2-5　中心架

1) 中心架直接安装在工件的中间

如图 2-6 所示，工件在安装中心架之前，先在工件毛坯中间车一段沟槽，便于安装中心架。槽的直径应比工件的最后尺寸略大，留出精车余量。车沟槽时，背吃刀量、进给量应很小，进给速度也不能太快，车好后要用砂布打磨。调整中心架时，先调整好下面两个卡爪，固定好，再调整上面一个卡爪。车削时，需在卡爪与工件接触处加润滑油。为了使卡爪与工件保持良好接触，可在卡爪与工件之间夹一层砂布或研磨剂，进行研磨抱合。

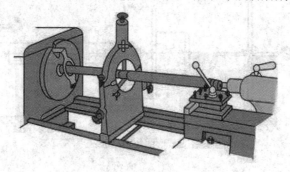

图 2-6　中心架车削细长轴

2) 用过渡套筒安装中心架

如图 2-7 所示，为避免中心架与工件直接接触，采用过渡套筒安装细长轴。安装时，用过渡套筒上的 4 个螺钉夹住工件。如图 2-8 所示，使用过渡套筒安装中心架必须用百分表调整。

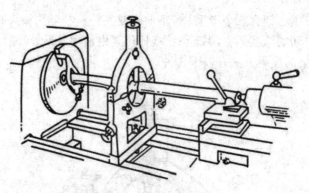

图 2-7　用过渡套筒安装细长轴

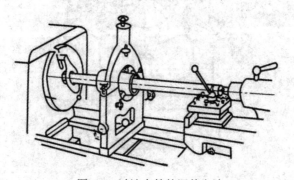

图 2-8　过渡套筒的调整方法

3) 一端夹住一端搭中心架

如图 2-9 所示，车削长轴的端面，钻中心孔，车削较长套筒的内孔、内螺纹时，采用一端夹住、一端搭中心架的方法。这种方法使用广泛。调整中心架时，工件轴心线与车刀头轴心线同轴。

图 2-9　中心架车端面

2. 跟刀架及其使用

图 2-10 所示为三爪跟刀架的结构。三爪跟刀架由卡爪、捏手、锥齿轮、丝杆组成。跟刀架固定在大拖板上跟随车刀移动，根据设计原理，车削过程中抵消车刀对工件的径向力。跟刀架主要用来车削细长轴和长丝杆，可以提高其形状精度和表面光洁度。

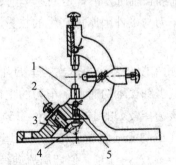

1—卡爪；2—捏手；3、4—锥齿轮；5—丝杆

图 2-10　三爪跟刀架的结构

车削细长轴时，需处理好以下 3 个问题：

1) 卡爪与工件间的压力

使用跟刀架车削细长轴时，要注意调整卡爪与工件的接触压力，适中为好。如果压力过大，就会造成工件车削形状变形，产生竹节形；如果压力过小，则起不到跟刀架的作用。

2) 工件的热变形伸长率

切削过程会产生大量的热量，工件温度升高，导致工件伸长变形，称为热变形。车削细长轴时，因工件长，产生热量大，对工件伸长率的影响也较大。工件的热变形伸长率的计算公式如下：

$$\Delta L = \alpha L \Delta t$$

式中：ΔL——工件热变形伸长量(mm)；

　　　α——材料热膨胀系数，$\alpha = 11.5 \times 10^{-6}/℃$；

　　　L——工件的总长(mm)；

　　　Δt——工件升高的温度(℃)。

依据以上公式可知，对于长为 1500 mm 的轴，温度升高 30 ℃，轴要伸长 0.52 mm。所以，车削细长轴时，通常采用两顶尖顶住或一夹一顶的装夹方式。为防止细长轴切削过程中产生热变形，可采取以下措施：

(1) 采用弹性活顶尖(如图 2-11 所示)补偿工件热变形。

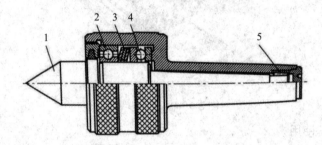

1—顶尖；2—向心球轴承；3—蝶形弹簧；4—推力球轴承；5—滚针轴承

图 2-11　弹性活顶尖

(2) 合理使用切削液，车削细长轴时，不管是低速车削还是高速切削都要使用切削液。

(3) 为了减少车削过程中车刀与工件因摩擦产生的热量，车刀刀尖必须保持锐利状态。

3) 车刀的几何形状

由于细长轴的刚性差，因此车削时要选择恰当的车刀几何角度，主要考虑以下几点：

(1) 为了减少径向分力，减少细长轴的弯曲，车刀的主偏角取 $\varphi = 75° \sim 93°$。

(2) 为了减小切削力，应该选择较大的前角，取 $\gamma = 15° \sim 30°$。

(3) 车刀前面应该磨 $Ra = 1.5 \sim 3$ mm 的断屑槽，使切屑卷曲折断。

(4) 选择负的刃倾角，取 $\lambda = -3° \sim -10°$，使切屑流向待加工面，同时可使车刀容易切入工件，并可以减少切削力。

(5) 刀刃粗糙度要小($Ra = 0.2 \sim 0.1$ μm)，并要经常保持锋利。

(6) 为了减小径向切削力，刀尖半径应选得较小($R < 0.3$ mm)。倒棱的宽度也应该选得较小，取倒棱宽 $f = 0.5$ s(s 为走刀量，单位为 mm/r)。

车削细长轴时，因刚性很差，故切削用量应适当减小。用硬质合金车刀车削 $\phi20 \sim 40$ mm，长 $1000 \sim 1500$ mm 的细长轴时：

粗车：$v = 40 \sim 60$ m/min，$t = 1.5 \sim 2.5$ mm，$s = 0.3 \sim 0.5$ mm/r；

半精车：$v = 60 \sim 80$ m/min，$t = 1 \sim 1.5$ mm，$s = 0.2 \sim 0.4$ mm/r；

精车：$v = 60 \sim 100$ m/min，$t = 0.2 \sim 0.5$ mm，$s = 0.15 \sim 0.25$ mm/r。

车削细长轴时，使用冷却性能较好的乳化液进行冷却。当用高速钢车刀低速车削细长轴时，为减少刀具磨损，可采用硫化切削油作为切削液。

◈ 【任务评价】

细长轴评分表(中级工)如表 2-2 所示。

表 2-2　细长轴评分表(中级工)

项目		考 核 要 求		配分	实 测 数 据		扣分	得分
		精度	粗糙度 Ra		精度	粗糙度 Ra		
圆锥	直径	$\phi38^{+0.018}_{+0.009}$	1.6	8				
		$\phi40^{0}_{-0.1}$	6.3	3				
		$\phi40^{+0.018}_{+0.002}$	1.6	8				
		$\phi40^{0}_{-0.1}$	6.3	3				
		$\phi45^{+0.018}_{+0.009}$	1.6	10				
		$\phi50^{+0.005}_{0}$	1.6	10				
	长度	32		3				
		62		2				
		22		3				
		18		4				
		396		3				
		490		2				
		820		2				
	锥度	▷1∶10	3.2	8				
		95		3				
螺纹		$M20$	6.3	5				
倒角		1×45°		1				
形位公差		◎$\phi0.01A$		3				
		↗0.03A		5				
倒角		0.5×45°(4 处)		2				
安全文明				10				
考核时间		180 min	总分	100			总得分	

注：形位公差中◎图形表示同心度/同轴度，↗表示径向圆跳动。

任务2　车削球面梯形螺纹轴

◈ 【任务导入】

图 2-12 所示为工程中常见的球面梯形轴，此轴包含球面、梯形螺纹面、普通螺纹面，形状较复杂，精度要求较高，需要掌握外圆车削、普通螺纹车削等知识和技能。通过本任务可学习螺纹的相关知识，蜗杆螺纹的车削，三角螺纹的车削，特形面车削等知识，经过实践操作提高技能操作水平，达到高级工水平。

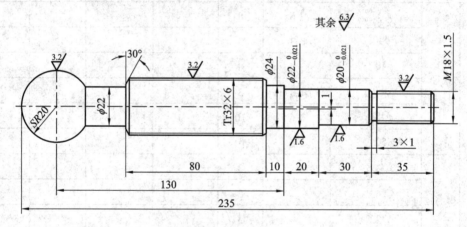

图 2-12　球面梯形轴

◈ 【任务分析】

1. 读图

该零件名称：球面梯形螺纹轴，是一种轴类工件。加工的内容有梯形螺纹、三角形螺纹、台阶-退刀槽、偏心圆及球面等。总长尺寸 235 mm，最大外径尺寸为 $\phi40$ mm。梯形螺纹为 Tr32 × 6，粗糙度为 3.2 μm，三角螺纹为 $M18 × 1.5$，粗糙度为 3.2 μm，台阶轴粗糙度为 $Ra = 1.6$ μm，其余粗糙度为 $Ra = 6.3$ μm，两处倒角为 1 × 45°。

2. 工艺准备

(1) 材料准备：45 号直径 $\phi45$ mm，长度 240 mm 圆钢。

(2) 设备准备：CA6140 普通车床，三爪卡盘。

(3) 工具准备：中心钻，钻夹头，活顶尖，15～25 mm R 规，磁性百分表一套。

(4) 刃具准备：45° 车刀，90° 车刀，3 mm 切槽刀，切断刀，三角螺纹车刀，梯形螺纹粗车刀，梯形螺纹精车刀，外圆精车刀，圆头车刀。

(5) 量具准备：300 mm 卡尺，0～25 mm 千分尺，25～50 mm 千分尺，3 mm 块规，$\phi3.106$ mm

三针测量棒。

(6) 辅具准备：0.05 mm，0.1 mm，0.2 mm，0.5 mm，1 mm，1.5 mm 垫片，开口钢套一个。

3. 工艺过程

(1) 先用三爪卡盘卡住工件毛坯，预留出 30 mm 长，再用 90° 车刀车出直径 ϕ38 mm，长 10 mm 的工艺卡头。

(2) 调头装卡，钻中心孔，支顶尖，粗车梯形螺纹外圆，精车各台阶外圆；粗车梯形螺纹左边退刀槽；粗车、精车梯形螺纹；粗车 ϕ22 mm 偏心外圆到尺寸 ϕ25 mm；精车 ϕ24 mm 外圆，ϕ20 mm 外圆；车 M18×1.5 三角螺纹；车梯形螺纹左侧外圆到尺寸 ϕ23 mm。检查并卸下工件。

(3) 把工件套上开口钢套，用三爪卡盘卡住开口钢套；在一只卡爪下面垫上 1.5 mm 厚的垫片；找准 ϕ22 mm 偏外圆处跳动值为 (2 ± 0.02)mm，粗车；精车 ϕ22 mm 偏外圆到尺寸。

(4) 调头装卡钢套，车总长尺寸，粗车，精车圆球部分，车球后轴径 ϕ22 mm。检查，清洗、加工完毕。

4. 工序步骤

球面梯形轴工序步骤如表 2-3 所示。

表 2-3 球面梯形轴工序步骤

工序	设备	装卡方式	加工内容	加工步骤	备注
1	CA6140	三爪卡盘一夹一顶	车工艺卡头	用三爪卡盘卡住工件毛坯外圆，留出 30 mm 长，用 90° 车刀车出直径为 ϕ38 mm，长度为 10 mm 的卡头	卡住直径为 ϕ38 mm、长度为 10 mm 的卡头外圆，用活顶尖顶靠平端面
			调头车另一端面	卸下工件调头装卡，车另一端面	
			钻中心孔	用中心孔钻钻 A3 中心孔	
			加顶尖	用活顶尖顶紧靠平工件端面	
2	CA6140	三爪卡盘一夹一顶	粗车	用 90° 车刀粗车梯形螺纹大径，用90° 车刀粗车 ϕ24 mm	到 ϕ32.4 mm，长为 175 mm，直到 ϕ25 mm，长度到 95 mm
			切槽	用切槽刀切梯形螺纹左侧退刀槽	到 ϕ24 mm
			倒角	用倒角车刀车梯形螺纹两侧 30° 倒角	保证梯形螺纹长度为 80 mm

工序	设备	装卡方式	加工内容	加 工 步 骤	备 注
3			粗车	用高速钢梯形螺纹粗车刀粗车 6 mm 螺距的梯形螺纹	牙深车到螺纹小径为 25 mm，牙顶宽车到螺距为 2.6 mm
			精车	用高速钢外圆精车刀精车牙顶大径，去大径毛刺	刀刃与轴外圆对平齐，用小拖板把螺纹牙顶对到刀刃中间。用升杆走刀法车平
			测量	用千分尺测量外径，大径尺寸车到 32 mm 为合格	这时切削用量不能过大，每次走刀工作大径只车去 0.1 mm，中拖板进刀 1 个格。最后一次走到时，车床转速换成慢速挡，工件的粗糙度会很好
			精车	用梯形螺纹精车刀精车螺纹牙形侧面	先用精车刀尖，车到牙槽底部，走过一刀以后，再上一格，走一次刀，并且记住中拖板刻度数，以后精车牙侧面时，中拖板都要用这个刻度数
				精车牙槽左侧面	用小拖板，每次可进 1.5 小格，当切屑完成后，小托板进一小格，以慢挡转速车最后一刀，当粗糙度达到要求后，左侧端面进车完毕
				精车牙槽右侧面	中拖板还是保持原来刻度不变，用小拖板把车刀移近右侧牙面，车削
			测量	用三针测量法，量出螺纹准确尺寸	测量出的读数，可用公式算出，在标准值上加上螺纹中径的公差数值。这就是工件应有的数值
				用三针测量法，量出螺纹标准尺寸	经验：此时小拖板每移动给进一小格，30° 牙型角的螺纹中径会小 0.14～0.17 mm，精车最后一次走刀时要用慢速挡车削，以保证粗糙度要求。当测得的三针读数在标准之内，工件中径尺寸即为合格
			倒钝钝边	用精磨油石慢转速倒钝牙顶两侧钝边	

工序	设备	装卡方式	加工内容	加 工 步 骤	备　注
4	CA6140	三爪卡盘 一夹一顶	切槽	用切槽刀车梯形螺纹右边外圆	直径到φ24 mm，长度到10 mm
			粗车	用90°车刀粗车φ20 mm外圆	到φ20.3 mm
				用90°车刀粗车M16×1.5外圆	直径到φ15.9 mm，长度到35 mm
			倒角	用45°车刀车制倒角	1×45°
			切槽	用3 mm切槽螺纹退刀槽	3 mm×1 mm
			半精车精车	用高速倒三角螺纹车刀车削三角螺纹	M16×1.5，粗糙度Ra=1.6 μm
			半精车精车	用高速钢精车φ20 mm外圆	到φ20$_0^{-0.021}$ mm，粗糙度Ra=1.6 μm
			检查、倒角	用倒角车刀车倒角	1×45°
			检查	检查各部尺寸	合格，卸下工件
5	CA6140	三爪卡盘	装夹		把开口钢套套在梯形螺纹外圆上，钢套的开口队长卡盘扳手方口的方向位置，在正下方的卡爪垫上1.5 mm厚的垫片，要顺着卡爪方向放好，靠平工件，卡住
			检测	用磁性百分表测量偏心圆处的跳动量数值	在(2±0.02)mm以内，即为合格
			粗车	用高速钢外圆车刀粗车偏心圆φ22 mm外圆	到φ22.2 mm
			精车	用高速钢外圆精车刀精车φ22 mm	到φ22$_0^{-0.027}$ mm
			检查	检查工件尺寸	合格，卸下工件
6	CA6140	三爪卡盘	调头装卡	用三爪卡盘卡住钢套外圆，找正φ38 mm外圆	
			切断	用切断刀切准工件总长尺寸	到235 mm
			粗车	用90°车刀粗车圆球面	到Sφ40.1 mm，计算出球长尺寸
			精车	用圆弧车刀双手操作法精车圆球面	SR20 mm
			切槽	用切槽刀车削球轴径	到φ22 mm
			检查	检查各部尺寸	合格，卸下工件

5. 注意事项

(1) 用高速钢车刀粗车梯形螺纹时，转速应在 $n = 200$ r/min 以内。精车梯形螺纹时，转速宜选用 $n = 15\sim30$ r/min。

(2) 梯形螺纹车削时，应始终加注充分的乳化液冷却。

(3) 梯形螺纹中径尺寸，用三针测量较为准确。测量时，把两根针放在下边，用少许黄油粘在工件牙槽内，再用千分尺测量上下针之间的距离，即 M 值。如果上边两针距离超过千分尺卡爪直径，可在两针上加一块标准块规。测量读数时，应加上块规的厚度尺寸，就是标准尺寸。

(4) 球面加工，应先确定球心所在位置，做好标记。从圆心向两边车削，需要经常用样板检查。先车好球的左边，再车球的右边。技术要求允许时，可用锉刀、纱布修饰圆球表面。

◇ **【任务实施】**

一、螺纹基础知识

螺纹零件在机械设备中应用十分广泛，是重要的零件之一。螺纹的加工方法很多，在先进的加工工艺中，主要采用搓丝、滚丝、轧丝等专业方法，而在普通机械加工中，通常采用车削加工的方法。图 2-13 所示为螺纹加工成形原理。螺纹是车刀在圆柱或圆锥母体上绕螺旋线走刀切削形成的、具有特定截面的凸起部分。

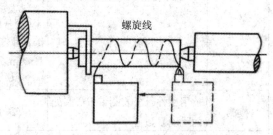

图 2-13　圆柱母体上形成螺旋线

1. 螺纹分类

螺纹的种类很多，主要有以下几种分类方法。

螺纹按其截面形状(牙型)分为三角形螺纹、矩形螺纹、梯形螺纹和锯齿形螺纹等。三角形螺纹主要用于连接(见螺纹连接)，矩形、梯形和锯齿形螺纹主要用于传动，如图 2-14 所示。

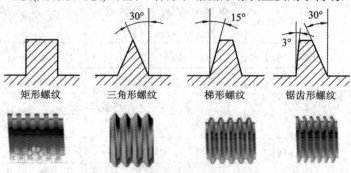

矩形螺纹　　三角形螺纹　　梯形螺纹　　锯齿形螺纹

图 2-14　螺纹按形状分类

　　如图 2-15 所示，螺纹按螺旋线方向分为左旋螺纹和右旋螺纹(一般用右旋螺纹)，按螺旋线的数量分为单线螺纹、双线螺纹及多线螺纹。连接用的多为单线，用于传动时要求进升快或效率高，采用双线螺纹或多线螺纹，但一般不超过 4 线。

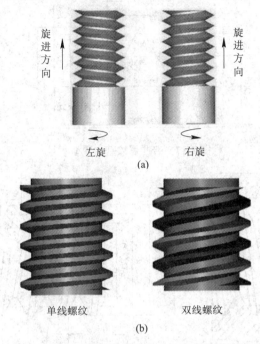

图 2-15　螺纹按螺旋线的方向和数量分类

　　螺纹按牙的大小分为粗牙螺纹和细牙螺纹等，按使用场合和功能不同可分为紧固螺纹、管螺纹、传动螺纹、专用螺纹等，如图 2-16 所示。

图 2-16　螺纹按牙型大小分类

　　圆柱螺纹中，三角形螺纹自锁性能好。它分粗牙和细牙两种，一般连接多用粗牙螺纹。细牙的螺距小，升角小，自锁性能更好，常用于细小零件薄壁管中，有振动或变载荷的连接以及微调装置等。管螺纹用于管件紧密连接。矩形螺纹效率高，但因不易磨制，且内外螺纹旋合定心较难，故常为梯形螺纹所代替。锯齿形螺纹牙的工作边接近矩形直边，多用于承受单向轴向力。

　　圆锥螺纹的牙型为三角形，主要靠牙的变形来保证螺纹副的紧密性，多用于管件。

2. 普通螺纹的基本牙型及螺纹要素

图 2-17 所示为公制普通螺纹的基本牙型。图 2-18 所示为螺纹各部分名称。

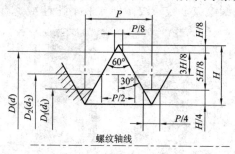

图 2-17 普通螺纹基本牙型

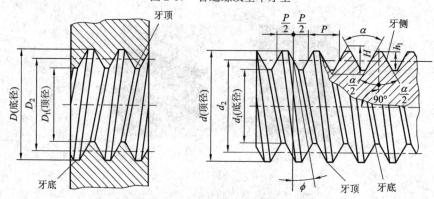

图 2-18 螺纹各部分名称

1) 大径 d、D

与外螺纹牙顶或内螺纹牙底相重合的假想圆柱面的直径，称为大径。国家标准规定，公制普通螺纹大径的基本尺寸为螺纹的公称直径。

2) 小径 d_1、D_1

与外螺纹牙底或内螺纹牙顶相重合的假想圆柱体的直径，称为小径。

3) 中径 d_2、D_2

母线通过牙型上凸起和沟槽两者宽度相等的假想圆柱体的直径，称为中径。

外螺纹中径：

$$d_2 = d - 2 \times \frac{3}{8} H$$

内螺纹中径：

$$D_2 = D - 2 \times \frac{3}{8} H$$

式中：H——原始三角形高度，$H = \frac{\sqrt{3}}{2} P$。

对于单线螺纹或奇数多线螺纹来说，在螺纹轴向剖面内，螺纹的凸起部分与沟槽是相对的，沿垂直于轴线方向上测得的任意两两相对牙侧间的距离，即为螺纹的中径。

4) 单一中径

单一中径是一个假想圆柱的直径，即该圆柱的母线通过牙型上沟槽宽度等于螺距基本尺寸一半的地方。当螺距无误差时，螺纹的中径就是螺纹的单一中径。当螺距有误差时，单一中径与中径不相等。

5) 螺距 P

相邻牙在中径线上对应两点之间的轴向距离称为螺距。在英制螺纹中，螺距的大小是用 1 英寸除以 1 英寸内的牙数。

英制螺距：

$$P = \frac{1(\text{in})}{\text{每英寸牙数}}$$

与公制螺距的关系如下：

$$P = \frac{25.4(\text{mm})}{\text{每英寸牙数}}$$

在螺杆螺纹中，一般用模数或径节来表示大小，它们之间的关系是：

$$P = \pi m_\text{s}, \quad P = \frac{25.4\pi}{t}$$

式中：m_s——端面模数(mm)；

　　　t——径节(齿/in)。

对于多线螺纹，应分清螺距与导程的区别。

6) 导程 S

导程是指同一螺旋线上相邻牙在中径线上对应两点之间的轴向距离。对于多线螺纹，导程等于螺距与螺纹线数的乘积；对于单线螺纹，导程等于螺距。

7) 牙型角 α 和牙型半角 $\alpha/2$

牙型角是指在通过螺纹轴线剖面内的螺纹牙型上，相邻两牙侧间的夹角 α。对于公制普通螺纹，其牙型角 $\alpha = 60°$。牙型半角是指在螺纹牙型上，牙侧与螺纹轴线的垂线间的夹角 $\alpha/2$。

8) 螺旋升角 λ

在中径圆柱上螺旋线的切线与垂直于螺纹轴线的平面的夹角称为螺旋升角。螺旋升角与螺距、中径的关系如下：

$$\tan\lambda = \frac{np}{\pi d_2}$$

式中：n——螺旋线数。

9) 原始三角形高度(H)、牙型高度和螺纹接触高度

原始三角形高度是指原始三角形的顶点到底边的垂直距离。牙型高度是指在螺纹牙型上牙顶和牙底之间垂直于螺纹轴线的距离，紧固螺纹的螺纹牙型高度等于 $5H/8$。螺纹接触高度是指两相配合螺纹在螺纹牙型上相互重合的部分，对应垂直于螺纹轴线方向的高度。

10) 螺纹旋合长度

螺纹旋合长度是指两相配合螺纹沿螺纹轴线方向相互旋合部分的长度。从互换性的角度来看，螺纹的基本几何要素包含：大径、小径、中径、螺距和牙型半角。但影响螺纹互换性的主要因素是螺距误差、牙型半角误差和中径偏差。

3. 普通螺纹的公差与配合

1) 螺纹的公差等级

根据国家标准(GB197—2018)规定，普通螺纹按内、外螺纹的大径、中径和小径公差的大小，分为不同的公差等级，如表 2-4 所示。

表 2-4　螺纹公差等级表

螺纹直径	公差等级	螺纹直径	公差等级
外螺纹大径 d	4、6、8	内螺纹小径 D_1	4、5、6、7、8
外螺纹中径 d_2	3、4、5、6、7、8、9	内螺纹中径 D_2	4、5、6、7、8

内、外螺纹大径、中径、小径各个公差等级不同，其公差值按照下列公式进行计算，如表 2-5 所示。

表 2-5　公差值的计算公式

直径公差	计 算 公 式
T_{D2}	$K \times 118 P^{0.4} d^{0.1}$
T_{d2}	$K \times 90 P^{0.4} d^{0.1}$
T_{D1}	$K(443P - 190P^{1.22})(P = 0.2 \sim 0.8)$
	$K \times 230 P^{0.7}\ (P \geqslant 1)$
T_d	$K\left(180 P^{2/3} - 3.15 P^{-1/2}\right)$

表 2-5 中，d 为螺纹直径尺寸段的几何平均值，P 和 d 的单位为 mm；K 值为公差等级系数，计算时按照表中数值选取，如表 2-6 所示。

表 2-6　不同公差等级的 K 值

公差等级	3	4	5	6	7	8	9
K	0.5	0.63	0.8	1	1.25	1.6	2

注：表中 6 级是基本级。在同一公差等级中，内螺纹中径公差比外螺纹中径公差大 32%，这是考虑到内螺纹加工比外螺纹加工困难的缘故。

2) 螺纹的公差带及精度等级

在普通螺纹标准中，内螺纹规定 G、H 两个公差带位置；外螺纹规定 e、f、g、h 四个公差带位置。其中，H、h 的基本偏差为零；G 的基本偏差为正值；e、f、g 的基本偏差为负值。

按不同的公差带位置及不同的公差等级组成各种公差带，具体规定可查阅相关手册。

标准中还规定了精密、中等、粗糙三种精度。

在普通螺纹国标中规定每种基本尺寸的螺纹其螺纹旋合长度分为三组：短旋合长度、中等旋合长度和长旋合长度，代号分别为 S、N、L。一般采用中等旋合长度。

4. 螺纹代号与标注

螺纹的完整标注由螺纹代号、螺纹公差带代号和旋合长度代号组成。按国家标准，具体标注如下所示。

1) 普通螺纹的标注形式

普通螺纹的标注形式如下：

螺纹代号 + 螺纹公差带代号 + 旋合长度代号

螺纹代号：粗牙普通螺纹用字母 M 及公称直径表示。细牙普通螺纹用字母 M 及公称直径 × 螺距表示。

螺纹公差带代号：包括中径公差带代号和顶径公差带代号，当两个公差带代号相同时只注写一个代号。螺纹公差带是由表示其大小的公差等级数字和基本偏差的字母所组成的(内螺纹用大写字母，外螺纹用小写字母)，如 6H、6g 等。

常用的内外螺纹公差带规定如下：

(1) 对内螺纹规定为 G、H 两种位置；对外螺纹规定为 e、f、g、h 四种位置。

(2) 对内螺纹小径和中径规定为 4、5、6、7、8 五种公差等级；对外螺纹大径规定为 4、6、8 三种公差等级；对外螺纹中径规定为 3、4、5、6、7、8、9 七种公差等级。

(3) 当内外螺纹旋合时，其公差带代号用斜线分开，如 6H/6g、6H/5g6g 等。

(4) 旋合长度代号：螺纹的旋合长度规定为短(S)、中(N)、长(L)三种。代号为 N 时不必标注。

表 2-7 所示为普通螺纹的标注。

表 2-7　普通螺纹标注

标 注 图 例	说　　明
$M10-4h-S$	表示外螺纹、粗牙普通螺纹，大径为 10，右旋，中径和顶径公差带代号为 4h，短旋合长度
$M10-6g7g$	表示外螺纹、粗牙普通螺纹，大径为 10，右旋，中径公差带为 6g，顶径公差带代号为 7g，中旋合长度
$M10×1左-7H-L$	表示内螺纹、细牙普通螺纹，大径为 10，螺距为 1，左旋，中径和顶径的公差带代号为 7H，长旋合长度

2) 管螺纹的标注形式

管螺纹应标注螺纹符号和管子公称直径，直径单位为英寸(in)。非螺纹密封的圆柱管螺纹的外螺纹公差等级分 A 级和 B 级两种，A 级为精密级，B 级为粗糙级。内螺纹只有一种公差带，故标注中不注内螺纹的公差等级，右旋不注旋向。管螺纹的标注如表 2-8 所示。

表 2-8　管螺纹标注

标 注 图 例	说　　　明
G1A	表示外螺纹,非螺纹密封的圆柱管螺纹,公称直径为 1 in,螺纹公差等级为 A,右旋
R1 1/2 R1 1/2	表示内(外)螺纹,用螺纹密封的圆锥管螺纹,公称直径为 1/2 in,右旋
Z 3/4	表示外螺纹,为 60°圆锥管螺纹,公称直径为 3/4 in,右旋

5. 螺纹几何尺寸计算

螺纹几何尺寸的相关计算公式如表 2-9 所示。

表 2-9　螺纹各部分的计算公式

名称		代　号	计　算　公　式			
牙型角		α	$\alpha=30°$			
螺距		P	由螺纹标注确定			
牙顶间隙		α_c	$P/$ mm	2～5	6～12	14～44
			$\alpha_c/$ mm	0.25	0.5	1
外螺纹	大径	d	公　称　直　径			
	中径	d_2	$d_2 = d - 0.5P$			
	小径	d_1	$d_1 = d - 2h_1$			
	牙高	h_1	$h_1 = 0.5P + \alpha_c$			
内螺纹	大径	D	$D = d + 2\alpha_c$			
	中径	D_2	$D_2 = d_2$			
	小径	D_1	$D_1 = d - P$			
	牙高	H_1	$H_1 = h_1$			

二、梯形螺纹的加工方法

1. 梯形螺纹车刀

一般梯形螺纹车刀有两种，即高速钢车刀和硬质合金车刀两类。

1) 高速钢梯形螺纹粗车刀

螺纹加工过程中，为了提高螺纹的质量，需分为粗车和精车两步进行。图 2-19 所示为梯形螺纹粗车刀的几何形状。

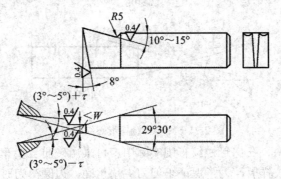

图 2-19　高速钢梯形螺纹粗车刀

加工时，车刀的具体选择需要遵守以下原则：

(1) 车刀的刀尖角应小于牙形角。

(2) 为了便于进行左右车削，需要留出精加工余量，刀头宽度应小于牙槽底宽。

(3) 进行钢件切削时，应磨出 10°～15° 的径向前角。

(4) 径向后角 $\alpha=6°～8°$。

(5) 侧后角 $\alpha_1=(3°～5°)+\tau$，$\alpha_2=(3°～5°)-\tau$。

(6) 刀尖适当倒圆。

2) 高速钢梯形螺纹精车刀

梯形螺纹精车刀要求刀尖角等于牙型角，刀刃平直，光洁度高。如图 2-20 所示，为了保证两侧刀刃切削顺利，都应磨出较大前角($\gamma=15°～20°$)的卷屑槽。用这种车刀车螺纹省力，切屑排出顺利，可获得很高的齿面光洁度和精度。其被广泛应用于梯形及蜗杆螺纹的精加工。但车削时必须注意，车刀前端横刀刃不能参加切削，只能精车两侧齿面。

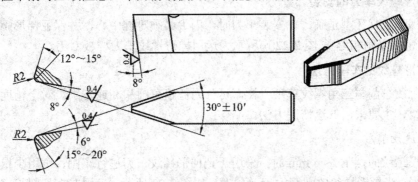

图 2-20　开卷屑槽的梯形螺纹精车刀

3) 硬质合金梯形螺纹车刀

高速钢梯形螺纹车刀用于低速、精度要求较低场合梯形螺纹的车削，成产率低下。图2-21 所示为硬质合金梯形螺纹车刀的几何形状。

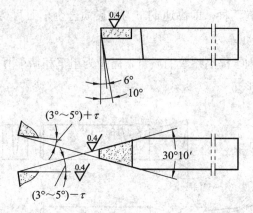

图 2-21　硬质合金梯形螺纹车刀

为了提高生产效率，在梯形螺纹车削实际中，可采用硬质合金车刀进行高速切削。图 2-22(a)所示为梯形螺纹样板，为了保证车刀刀尖角正确，刃磨车刀时可用样板测量角度；不仅能测量角度，而且在样板上还做有各种宽度的浅槽，在刃磨刀头宽度时可很方便地选用对刀。

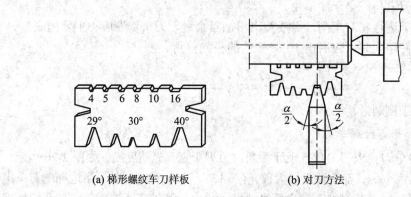

(a) 梯形螺纹车刀样板　　　　　(b) 对刀方法

图 2-22　梯形螺纹车刀样板

2. 梯形螺纹车刀的安装

为了保证工件牙型正确，在安装车刀时，刀尖必须对准中心，并保证梯形螺纹车刀刀尖角不歪斜(两半角相等)。图 2-22(b)所示为运用梯形螺纹车刀样板对刀。

3. 梯形螺纹的车削方法

梯形螺纹车削与三角螺纹车削一样，可分为低速车削和高速车削。对于精度要求较高的梯形螺纹，主要采用低速切削方法。

1) 低速切削法

当梯形螺纹的螺距 $t < 4$ mm 时，采用一把梯形螺纹车刀进行车削，可用少量的左右进给车削成形。当梯形螺纹的螺距 $t > 4$ mm 时，如图 2-23 所示，可用左右切削与三角车削相结合的方法进行，粗车时采取左右切削法，可防止扎刀现象；精车时采用带有卷屑槽的精车刀把左右齿面车削成形。当梯形螺纹的螺距 $t>8$ mm 时，粗车既可采用左右切削方法，如图 2-24 所示，也可采用阶梯式梯形螺纹车刀进行粗车；精车可采用带有卷屑槽的精车刀车削成形。

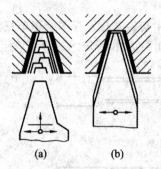

图 2-23 梯形螺纹左右切削法

图 2-24 用阶梯式螺纹车刀直进法粗车梯形螺纹

阶梯式螺纹粗车刀是几把大小不同的切槽刀的组合，它有很多刀刃。切削时在每个阶梯刀刃上都有前角、后角和副偏角。用阶梯式螺纹车刀粗车螺纹时，只需垂直进刀，操作方便省力，但是这种车刀刃磨困难，需要在角度尖锐的砂轮上进行刃磨。

2) **高速切削法**

如图 2-25(a)所示，在高速切削梯形螺纹时，为防止切屑划伤螺纹齿面，应采用直进法进行车削。

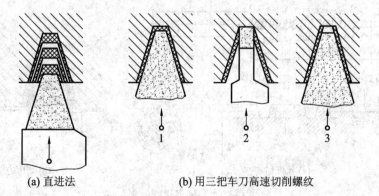

(a) 直进法　　　　(b) 用三把车刀高速切削螺纹

图 2-25 直进法高速车削梯形螺纹

当梯形螺纹螺距 $t>8$ mm 时，如图 2-25(b)所示，采用三把刀进行切削，可减少切削力和齿面变形还能提高精度。加工时,把三把刀标注序号按 1、2、3 的顺序进行切削,首先用粗车刀将螺纹粗车成形;其次用切槽刀将内径车至尺寸;最后用精车刀把螺纹车至尺寸。

4. 梯形内螺纹的加工方法

1) 车梯形内螺纹

车削梯形内螺纹用的车刀和安装方法,基本上和车三角内螺纹相同,所不同的是车刀倒的尖角应等于 30° 或 29°。如图 2-26 所示,一般梯形螺纹车刀有整体式和刀排式两种。

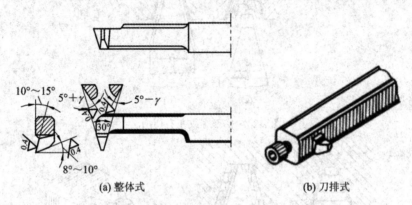

(a) 整体式　　　　　　　　　　(b) 刀排式

图 2-26　梯形内螺纹车刀

由于梯形内螺纹车刀刀杆刚性较差,车削时切削面积又较大,所以加工出的内螺纹很难达到较高的精度,尤其是当螺纹孔径较小时的矛盾更为突出。因此,目前工厂中对孔径较小的梯形内螺纹采用梯形丝锥攻制或拉制的方法来加工。

2) 梯形内螺纹的攻制方法

图 2-27(a)所示为梯形丝锥结构。其工作部分由导向部分、切削部分、校正部分所组成。导向部分直径略小于内螺纹的孔径,只起导向作用;切削部分的齿部磨成圆锥形,并在齿侧加工出铲磨后角承担主要切削工作;校正部分主要起整形作用。丝锥上有四条容屑槽,以形成前角 $\gamma = 10° \sim 20°$ 的切削刃。图 2-27(b)所示为丝锥攻制螺纹时采用齿侧同时切削的方式。

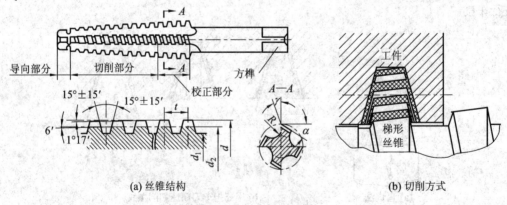

(a) 丝锥结构　　　　　　　　　　(b) 切削方式

图 2-27　梯形螺纹丝锥

图 2-28 所示为梯形螺纹攻制方法。操作时,先把丝锥和方榫套装夹在方刀架上,并严格校正中心。调整好车床的走刀箱手柄位置,使走刀和工件螺距相等。选择最低的主轴转

向，把丝锥导向部分塞进工件的螺孔中，开动车床，按下开合螺母，丝锥就攻入工件的螺孔中，一次攻削成形。当丝锥攻丝结束时，提起开合螺母，停车，把丝锥和工件一起从卡盘中取出。

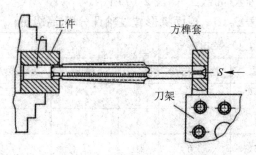

图 2-28　梯形螺纹的攻制方法

3) **梯形内螺纹的拉制**

图 2-29 所示为拉削丝锥。由于这种丝锥是从工件后端攻丝，所以它的装夹部分是在导向部分的前端。为了减少拉制时的切削力，丝锥取较大的前角，为了排屑方便，容屑槽面积较大，并制成螺旋形。

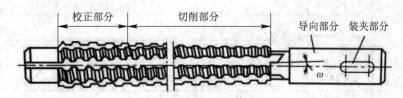

图 2-29　拉削丝锥

图 2-30 所示为梯形螺纹的拉削方法。把工件套入丝锥的导向部分，然后把工件夹在三爪卡盘里，再把丝锥套进装在刀架上的拉套内，并插进拉销。调整好车床的走刀箱手柄位置，使走刀与工件螺距相等。选择最低的主轴转速，按下开合螺母，开动车床，使车头倒转，丝锥就从主轴向尾座方向直线拉出，螺纹就一次拉制成形。用这种方法拉削螺纹，丝锥承受的是拉应力，因此丝锥不易折断，操作时必须严格校正拉套的内孔、丝锥和工件的三者中心与车床主轴同心。加工时工件必须夹牢，并须加大量的切削液，三爪卡盘应装上保险装置，防止开倒车时因卡盘脱落而造成事故。

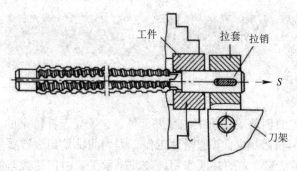

图 2-30　梯形螺纹的拉削方法

◈ 【任务评价】

球面梯形螺纹轴评分表(高级工)如表 2-10 所示。

表 2-10　球面梯形螺纹轴评分表(高级工)

项目		考 核 要 求		配分	实 测 数 据		扣分	得分
		精度	粗糙度 Ra		精度	粗糙度 Ra		
轴	直径	$\phi20_0^{+0.021}$	1.6	8				
		$\phi24$	6.3	4				
		$\phi22$	1.6	10				
	长度	30		5				
		10		2				
螺纹	大径	$M18 \times 1.5$	3.2	10				
		Tr136 × 6	3.2	20				
	长度	80		5				
		32		4				
	倒角	30°		3				
		$1 \times 45°$		2				
球	外圆定位	$SR20$	3.2	10				
		130		2				
其他	倒角	$1 \times 45°$		1				
	偏心距			4				
安全文明				10				
考核时间		180 min	总分	100			总得分	

任务 3　车削两拐曲轴

◈ 【任务导入】

如图 2-31 所示，曲轴是发动机中的重要部件，它承受连杆传来的力，并将其转变为转矩通过曲轴输出并驱动发动机上其他附件工作。因为曲轴受到旋转质量的离心力、周期变化的气体惯性力和往复惯性力的共同作用，使曲轴承受弯曲扭转载荷的作用，所以车削加工过程中，对曲轴的工艺质量、精度要求十分严格。

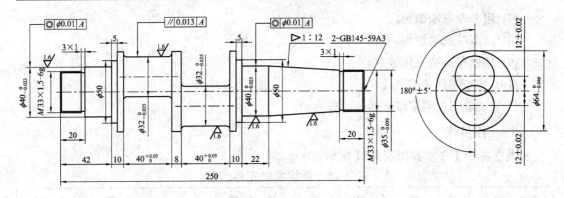

图 2-31 两拐曲轴

◈ 【任务分析】

1. 读图

图纸所示工件为两拐曲轴，加工时有 3 个旋转中心(1 个主轴颈旋转中心，2 个中心轴颈旋转中心)。3 个旋转中心必须在同一垂直线上，即在端面通过一条中心线。该工件总长 250 mm，最大径向尺寸 $\phi64$ mm。图中显示有 3 处形位公差：工件左端 $\phi40$ mm 外圆中心相对于工件两端中心孔线的同轴度公差为 0.01 mm，两曲轴轴颈中心线相对于主轴轴心线的平行度公差为 0.015 mm，工件右端 $\phi40$ mm 外圆中心相对于主轴轴心线的同轴度公差为 $\phi0.01$ mm。该工件包括曲轴轴颈和主轴轴颈，还有圆锥面部分粗糙度 $Ra = 1.6$ μm，其余部分粗糙度 $Ra = 6.3$ μm。

2. 工艺准备

(1) 材料准备：$\phi70$ mm，长 29 mm，45#钢。

(2) 设备准备：C620 普通车床，$\phi250$ mm、中心孔 80 mm 三爪卡盘。

(3) 工具准备：钻头夹，中心孔，活顶尖前后硬质合金固定顶尖。

(4) 刀具准备：90° 外圆车刀，45° 车刀，切槽刀，高速钢外圆精车刀，高速钢外圆角 R3 车刀，3 mm 切槽刀，高速钢三角螺纹车刀，倒角车刀，切断刀。

(5) 量具准备：300 mm 卡尺，25～50 mm 千分尺，50～75 mm 千分尺，$M33 \times 1.5$ 螺纹环规，万能角度尺，1 : 12 圆锥套规。

3. 工艺过程

(1) 三爪卡盘卡住毛坯外圆中部，两端车平面，钻中心孔，总长车到 290 mm。

(2) 两顶尖装夹粗车精车 $\phi64$ mm 外圆到尺寸。

(3) 画两拐曲轴两端轴颈。

(4) 粗车主轴两端轴颈。

(5) 车中间处曲轴轴颈。

(6) 车左端曲轴轴颈。

(7) 粗车左右端轴颈。

(8) 精车左右端轴颈。

(9) 切槽车两端三角螺纹。

(10) 检查工件各部分尺寸。

(11) 切除工件两端多余部分，去毛刺。

4. 工序步骤

两拐曲轴工序步骤如表 2-11 所示。

表 2-11　两拐曲轴工序步骤

工序	设备	装夹方式	加工内容	工序步骤	备注
1	CA6140	三爪卡盘掉头夹毛坯外圆	车端面	夹住毛坯外圆，平端面	
			钻中心孔	用 A4 中心钻钻中心孔	
			钻孔	用 $\phi4$ mm 钻头钻孔	孔深为 26 mm
			车端面	车另一端面	总长为 290 mm
			钻中心孔	用 A4 中心钻钻中心孔	
			钻孔	用 $\phi4$ mm 钻头钻孔	保证孔深为 26 mm
2	CA6140	两顶尖	粗车	粗车 $\phi64$ mm 外圆	用两顶尖装夹
			精车	精车 $\phi64$ mm 外圆	到 $\phi64_{-0.046}^{0}$ mm
3		平台	画线	用高度卡尺在工件的两端面上画线	把工件卸下，安装在平台方箱体上夹住，画出中心线及上下与中心线相距 12 mm 的两个曲轴轴颈的中线；三条线画好后，把方箱翻转 90°，用高度尺找出工件中心的高度，在工件两端和外圆上画出中心线
			打冲眼	用样冲在两端面的两个十字交叉点上打出冲眼	打冲眼的位置要准确
		钻床	平口钳 钻引导孔	用 $\phi3$ mm 钻头钻引导孔	在钻床上钻中心孔时应该先用 $\phi3$ mm 钻头钻引导孔
			钻中心孔	用 A4 中心钻钻中心孔	两对曲拐轴颈中心孔 4 个
4	CA6140	一夹一顶	粗车	粗车图中右侧主轴轴颈到 $\phi52$ mm	长度为 124 mm
			调头粗车	粗车图中左侧主轴轴颈到 $\phi52$ mm	长度为 66 mm

续表一

工序	设备	装夹方式	加工内容	工序步骤	备注
5	CA6140	两顶尖	装夹	用两顶针装夹同一方位曲轴中心孔	安装前中心孔擦净涂抹黄油；把 124 mm 长一端放在尾座一边，装上鸡心夹头，前后顶尖采用硬质合金顶尖；顶尖顶的松紧要适合，太紧容易发热烧坏中心孔；太松容易发生振动影响。以徒手转动、无惯性旋转为宜
			粗切	用切槽刀从 $\phi 64$ mm 外圆端面向左留出 6.5 mm 切槽	槽宽切到 39 mm，曲轴直径粗切到 $\phi 38$ mm
			半精车	用高速钢外圆角 $R3$ 车刀半精车轴颈	到 $\phi 34.2$ mm
			精车	用切槽刀精车曲轴颈右侧内端面，精车曲轴颈左端面	把 $\phi 64$ mm 外圆车成 6 mm 长，保证槽宽 $\phi 40^{+0.05}_{0}$ mm
			半精车	用高速钢外圆精车刀半精车轴颈	直到 $\phi 32.2$ mm
			精车	用高速钢外圆精车刀半精车轴颈	到 $\phi 32^{0}_{-0.025}$ mm，粗糙度：$Ra = 1.6$ μm
			圆角	用高速钢外圆夹 $R3$ 车刀，车两侧根部 $R3$ 圆角	第一曲轴颈车削完毕
			检查	检查各尺寸	
6	CA6140	两顶尖	装夹	用两顶尖装卡另一对曲轴中心孔	车削第二曲轴颈，用 $M12$ 螺栓螺母支撑住第一曲轴颈凹面处
			粗切	用切槽刀，粗切第二曲轴颈	从第一曲轴轴颈的左面 $\phi 64$ mm 外圆、8.5 mm 长处开始切，槽宽切到 39 mm，轴颈切到 $\phi 38$ mm
			精车	用切槽刀精车曲轴颈右侧端面，精车曲轴颈左侧端面	把 64 mm 外圆部分车到长度为 8 mm，把槽宽车到 $40 + 0.025$ mm
			半精车	用内圆角刀半精车轴颈	到 $\phi 32.4$ mm
			粗车	粗车圆角 $R3$	内圆角 $R3$
			精车	用高速钢精车刀分两次精车轴颈，精车根部内圆角	到 $\phi 32^{0}_{-0.025}$ mm，$Ra = 1.6$ μm；$R3$

续表二

工序	设备	装夹方式	加工内容	工序步骤	备注
7	CA6140	两顶尖	卸下工件		在第二曲轴颈凹槽处再加上支撑螺钉，把主轴中心孔抹上黄油
			装夹	用两顶尖工作	车削图纸中主轴左侧部分
			精车	用90°外圆车刀精车ϕ40mm外圆	到ϕ41.5mm尺寸，保证长度尺寸为10mm
			切槽	用切槽刀在42mm长度尺寸外侧切ϕ31mm沟槽	
			粗车	车M33×1.5螺纹外径	到ϕ32.9mm尺寸
			切退刀槽	切3×1螺纹退刀槽	
			倒角	车螺纹外端面倒角卡头部分，车到ϕ30mm	C1
			车螺纹	用高速钢三角螺纹车刀车M33×1.5螺纹，用90°车刀，车ϕ50mm外圆直径	直径到尺寸，长度车到15mm
			半精车	用90°车刀半精车ϕ40mm外圆	直径到ϕ40.5mm
			精车	用90°车刀精车外圆	到$\phi40_{-0.025}^{0}$mm
			倒角	用倒角车刀	将各处锐角倒角
8	CA6140	两顶尖	调头	调头两顶针装夹	车削图纸中右侧主轴部分
			粗车	用90°车刀粗车ϕ40mm外圆	到ϕ41.5mm尺寸，保证长度尺寸为10mm
			切槽	用切槽刀在图中总长250mm外边切ϕ30mm沟槽	保证总长为250mm
			粗车	车M33×1.5螺纹外径	卡头部分车到ϕ30mm，到ϕ32.9mm，长度为20mm
			倒角	用倒角车刀车螺纹外端面倒角	1×45°
			退刀槽	用切槽刀切3×1螺纹退刀槽	
			车螺纹	用高速钢三角螺纹车刀车M33×1.5螺纹	用环规检测
			粗车	用90°车刀粗车ϕ50mm外圆	直径到尺寸，长度为5mm

工序	设备	装夹方式	加工内容	工序步骤	备　注
8	CA6140	两顶尖	半精车	用 90°车刀半精车 $\phi 40$ mm 外圆	
			精车	用 90°车刀精车 $\phi 40$ mm 外圆	到 $\phi 40_{-0.025}^{0}$ mm
			粗车	粗车 1:12 圆锥	调整角度套规进行检验,接触面积大 65%
			精车	精车圆锥面	保证 22 mm 长度尺寸
			倒角	用倒角车刀	将各处锐角倒角
			检查	检查各部分尺寸	
		一夹一顶	切断	用一夹一顶的方法在靠近卡盘处用切断刀切去工件两端的卡头部分	去毛刺,清洗工件,加工结束

5. 加工要点

(1) 曲轴工件的加工顺序不可改变,否则可能造成无法继续加工或尺寸错位。

(2) 对各部分长度尺寸位置和长度尺寸,精车余量的预留方向不能出现差错。

(3) 中心孔的钻加工方法除用钻床加工外,还可以用车床或铣床加上附加工具钻偏心中心孔。

(4) 加工主轴两端时两曲轴凹槽处要用支承螺钉固定好。为防止螺钉飞出,可用胶布把螺钉包在轴颈上,以确保安全。

◇ 【任务实施】

一、曲轴知识

曲轴是发动机中最重要的部件。它承受连杆传来的力,并将其转变为转矩通过曲轴输出并驱动发动机上其他附件工作。曲轴受到旋转质量的离心力、周期变化的气体惯性力和往复惯性力的共同作用,使曲轴承受弯曲扭转载荷的作用。因此,要求曲轴有足够的强度和刚度,轴颈表面必须耐磨、工作均匀、平衡性好。

为减小曲轴质量及运动时所产生的离心力,曲轴轴颈往往作成中空的。每个轴颈表面上都开有油孔,以便将机油引入或引出,用以润滑轴颈表面。为减少应力集中,主轴颈、曲柄销与曲柄臂的连接处都采用过渡圆弧连接。

曲轴平衡重(也称配重)的作用是为了平衡旋转离心力及其力矩,有时也可平衡往复惯性力及其力矩。当这些力和力矩自身达到平衡时,平衡重还可用来减轻主轴承的负荷。平衡重的数目、尺寸和安置位置要根据发动机的气缸数、气缸排列形式及曲轴形状等因素来考虑。平衡重一般与曲轴铸造或锻造成一体,大功率柴油机平衡重与曲轴分开制造,然后用螺栓连接在一起。

曲轴根据发动机不同性能和用途，可分为两拐、四拐、六拐、八拐等几种，曲轴颈之间的夹角有 90°、120°、180° 等。曲轴毛坯一般是锻造件，由于工艺技术的提高，现在曲轴主要是球墨铸铁浇注成形。车削时主要对主轴颈和曲柄颈进行加工，主轴颈的加工与普通轴的加工方法类似，但是因为曲轴形状特异、刚性差等不足，所以车削加工时需多搭几个中心架才能保证加工质量。

二、曲轴车削方法

曲轴是偏心轴的一种，加工原理与偏心轴相同。图 2-32 所示为两拐曲轴。曲柄颈 d_1 和曲柄颈 d_2 之间角度为 180°，加工时需先在端面上钻中心孔 A 和偏心中心孔 B_1、B_2。首先，将两顶针安装在中心孔 A 中，即可车削曲轴外圆 D。其次，将两顶针安装在偏心中心孔 B_1 中，可加工曲柄颈 d_1；当两顶针安装在偏心中心孔 B_2 中，可加工曲柄颈 d_2。最后，两顶针安装在中心孔 A 中，车削主轴颈，并把偏心中心孔车掉。

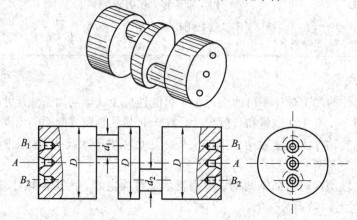

图 2-32　两拐曲轴加工原理

对于复杂的两端无法钻中心孔的曲轴，可用偏心卡盘装夹加工。如图 2-33 所示，偏心卡盘分为两层，花盘 1 用螺钉固定在车床主轴上，偏心卡盘体 4 与花盘的燕尾槽互相配合。偏心卡盘上有一个对开轴承座 3，曲轴的主轴颈安装在轴承座中并夹紧。曲轴的偏心距可用丝杠 2 来调整，偏心距在出头 6 和 7 之间测量。偏心距调好后用四只 T 形螺钉 5 固定。

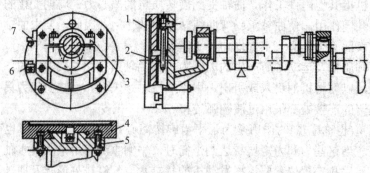

1—花盘；2—丝杠；3—轴承座；4—卡盘体；5—螺钉；6、7—触头

图 2-33　在偏心卡盘上加工曲轴

　　在车床的尾座一端也应该安装上偏心夹具，但尾座必须改装成如车床主轴一样可以转动。用这种方法装夹曲轴比两顶尖装夹刚性好得多。在车削曲轴时，为了防止曲轴的变形，应当在曲柄颈的空档处，用支撑螺杆撑住。

◇ **【任务评价】**

　　两拐曲轴评分表(中级工)如表 2-12 所示。

表 2-12　两拐曲轴评分表(中级工)

项目		考 核 要 求		配分	实 测 数 据		扣分	得分
		精度	粗糙度 Ra		精度	粗糙度 Ra		
轴	直径	$\phi 40_{-0.023}^{0}$	1.6	10				
		$\phi 40_{-0.023}^{0}$	1.6	10				
		$\phi 32_{-0.025}^{0}$	1.6	10				
		$\phi 32_{-0.025}^{0}$	1.6	10				
		$\phi 35_{-0.039}^{0}$	1.6	10				
	长度	$\phi 50$(2 处)		2				
		20(2 处)		2				
		42		1				
		$\phi 40_{0}^{+0.05}$(2 处)		8				
		10(2 处)		2				
		8		1				
		22		1				
螺纹	左	$M33 \times 1.5$-$6\,g$		2				
	右	$M33 \times 1.5$-$6\,g$		2				
形位公差		◎$\phi 0.01 A$(2 处)		4				
		//$0.013 A$		4				
锥度		▷1：12	1.6	4				
其他		$180° \pm 15'$		1				
		12 ± 0.02(2 处)		2				
		$\phi 64_{-0.046}^{0}$		2				
		其他		2				
安全文明				10				
考核时间		**180 min**	总分	100			总得分	

任务4　车削偏心轴

◈ 【任务导入】

图 2-34 所示为偏心轴。通常把外圆与外圆的轴线平行而不重合的工件称为偏心件。偏心轴一般是通过偏心孔固定在电机旋转轴上，是凸轮的一种，广泛应用于汽车、发动机、泵等机器中。通过本任务的学习，掌握偏心轴加工的相关理论知识，并经过反复训练，达到高级工技能水平。

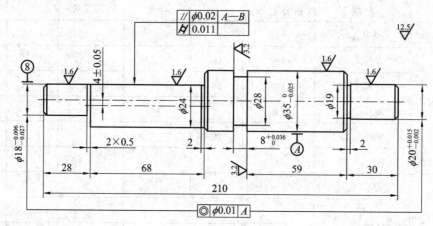

图 2-34　偏心轴

◈ 【任务分析】

1．读图

该工件是轴类工件，总长为 210 mm，最大外径为 φ35 mm。工件有一处 68 mm 长的偏心圆 φ26 mm，偏心距为(4 ± 0.05)mm。有 4 处外圆表面粗糙度 $Ra = 1.6$ μm，2 处外圆表面粗糙度 $Ra = 3.2$ μm。有 3 处形位公差，2 处形位公差基准。

2．工艺准备

(1) 材料准备：直径 φ40 mm，长度 250 mm。调质 45 钢。

(2) 设备准备：CA6140 普通车床，三爪卡盘。

(3) 工具准备：钻夹头，中心钻，活顶尖，6 mm 厚垫片，0.05 mm 薄铜皮。

(4) 刃具准备：90° 外圆刀，45° 外圆刀，切槽刀，切断刀，倒角刀，高速钢外圆粗车刀，高速钢外圆精车刀。

(5) 量具准备：300 mm 卡尺，25～50 mm 千分尺。

(6) 辅具准备：磁性表座，百分表，开口钢套。

3．工艺过程

(1) 用三爪卡盘卡住毛坯外圆，右端留出 40 mm 长。粗车外圆，制作卡头。

（2）调头装卡毛坯外圆，车平端面。

（3）重新装卡，卡住卡头。钻中心孔，加顶尖。粗车外圆，切槽，半精车外圆，倒角，切断工件。

（4）用三爪卡盘，卡住偏心部分外圆，车平端面。

（5）加附具，加垫片，找偏心距，钻中心孔，加顶尖支承，粗车，半精车，精车偏心圆，精切沟槽，倒角。

4．工序步骤

偏心轴工序步骤如表 2-13 所示。

表 2-13 偏心轴工序步骤

工序	设备	装卡方法	加工内容	加 工 步 骤	备 注
1	CA6140	三爪卡盘	装卡	用三爪卡盘卡住毛坯外圆	留出 40 mm 长
			粗车	用 90°外圆车刀粗车外圆	直径到 $\phi30$ mm，长度为 25 mm；卸下工件
2	CA6140	三爪卡盘	装卡	调头装卡，卡住毛坯外圆	车平即可
			粗车	用 45°外圆车刀粗车端面	卸下工件
3	CA6140	三爪卡盘 一夹一顶	重新装卡	卡住 30 mm 外圆	
			找正	在工件右边距端面 60 mm 处	
			钻中心孔	用中心钻在端面钻 $\phi3$ mm 中心孔；用活顶尖顶住工件	直径到 $\phi36.3$ mm
			粗车	用 90°外圆车刀粗车 $\phi35$ mm 外圆；用 90°外圆车刀粗车 $\phi20$ mm 外圆	直径到 $\phi22$ mm
			切槽	用切槽刀粗切 8 mm 宽沟槽；用切槽刀精切 8 mm 宽沟槽；用 2 mm 切槽刀在距顶尖处端面 114 mm 左边，切直径 $\phi32.8$ mm，宽 2 mm 的退刀槽；用 2 mm 切槽刀在距离右端面 30 mm 处，切直径 $\phi19$ mm 宽 2 mm 的退刀槽	直径到 28 mm，宽度为 $8^{+0.036}_{0}$ mm，长度为 114 mm
			粗切	用切断刀在偏心圆长度尺寸 68 mm 处的左边，粗切 $\phi18$ mm 外径	直到 $\phi18.5$ mm，长度为 28 mm
			半精车	用 90°外圆车刀半精车 $\phi35$ mm 外圆	直径到 $\phi35.6$ mm，长度为 60 mm
			精车	用 90°外圆车刀精车 $\phi35$ mm 外圆	到 $\phi35^{-0.025}_{0}$ mm，粗糙度 $Ra = 1.6$ μm
			半精车	用 90°外圆车刀半精车 $\phi20$ mm 外圆	到 $\phi21$ mm，长度为 30 mm

工序	设备	装卡方法	加工内容	加 工 步 骤	备　注
3	CA6140	三爪卡盘一夹一顶	精车	用 90°外圆车刀精车 ϕ20 mm 外圆	到 $\phi20^{+0.015}_{+0.002}$ mm，粗糙度 $Ra = 1.6$ μm
			半精车	用高速钢外圆精车刀半精车 ϕ18 mm 外圆	到 ϕ18.2 mm，长度为 28 mm
			精车	用高速钢外圆精车刀精车 ϕ18 mm 外圆	到 $\phi18^{-0.006}_{-0.027}$ mm，粗糙度 $Ra = 1.6$ μm，长度为 ϕ28 mm
			切槽	用 2 mm 切槽刀切 ϕ18 mm 外圆，28 mm 长的根部退刀槽；用切断刀在总长尺寸 210 mm 的左边，切直径为 ϕ15 mm 的切断槽	2 mm × 0.5 mm
			倒角	用倒角刀车制 4 处倒角	1 × 45°
			锐角倒钝	用倒角刀，倒钝 8 mm 槽边锐角	
			检查	检查工件的各部尺寸	合格
			切断	切断工件	
4	CA6140	三爪卡盘	装卡	用三爪卡盘卡住偏心外圆部分	
			车端面	用 45°外圆车刀车平端面处切刀留下的小台阶	卸下工件
5	CA6140	三爪卡盘一夹一顶	装夹	把工件 ϕ35 mm 外圆部装入辅件开口钢套内	使 35 mm 外圆露出钢套 8 mm 长
				再把开口钢套卡在三爪卡盘上	开口处放在两爪中间，另一爪下面垫一条与钢套装卡部分等长，30 mm 宽，8 mm 厚的垫片
				用百分表检测偏心距	把百分表触头轻轻放在靠近卡盘端的 ϕ36.3 mm 外圆上，慢慢转动卡盘，从最高点转向最低点，测得的读数结果在 (8 ± 0.1) mm 以内，则偏心距符合要求；如果读数超过 8.1 mm，说明垫片偏厚，就换用 7.9 mm 垫片重新测量；如果读数小于 7.9 mm，说明垫片偏薄，就加 0.1 mm 铁皮装片，重新测量

续表二

工序	设备	装卡方法	加工内容	加 工 步 骤	备　注
5	CA6140	三爪卡盘一夹一顶	装卡	用百分表检测跳动	把百分表移向 ϕ36.3 mm 外圆的另一端。靠近端面位置，测量跳动数值，如果两端数值差超过 0.02 mm，应用铜锤轻轻敲击，使两端数值差在允许范围(0.02 mm)之内
			钻中心孔	用 2 mm 较锋利的中心钻钻中心孔	转速 $n=200\sim300$ r/min；钻孔时动作要轻，采用小量慢进的方法。把中心孔钻好
			粗车	用顶尖支承工件，用高速钢外圆粗车刀粗车偏心圆 ϕ26 mm 外圆	不可用力过大；进刀量不大于 3 mm；转速 $n=200$ r/min，到 ϕ26.4 mm
			半精车	用高速钢外圆精车刀半精车偏心圆 ϕ26 mm 外圆	转速 $n=30\sim50$ r/min，到 ϕ26.2 mm
			精车	用高速钢外圆精车刀精车偏心圆 ϕ26 mm 外圆	到 $\phi26_{-0.028}^{-0.007}$ mm，粗糙度 $Ra=1.6\mu$m
			切槽	用 2 mm 切槽刀切 ϕ24 mm 偏心外圆的沟槽	
			锐角倒钝	用倒角刀切钝 ϕ26 mm 外圆锐角	
			检查	检查工件的各部尺寸	合格后卸下工件清洗

5. 加工要点

(1) 加工开口钢套时，内表面粗糙度不低于 3.2 μm，开口要直，去掉开口处的毛刺。

(2) 偏心圆找正调换垫片时，每次必须用同一个卡盘扳手的方孔。

(3) 加工偏心圆时，在没有加装特殊平衡装置时，不得采用高速切削，可采用高速钢车。车刀慢速车削，这样会减少不平衡带来的误差。

(4) 粗车偏心圆时，主轴每转刀具的进给量要选择得小些，以 0.2～0.3 mm 为宜。

◆ 【任务实施】

一、偏心件的装夹与检测

偏心轴、偏心套、曲轴在车床上加工，主要是在装夹方面采取措施，即把需要加工偏心的部分校正到与车床主轴旋转中心重合就可以了。

1. 偏心件的装夹

在加工数量少、精度要求不是很高的偏心工件时，一般可用画线的方法找出偏心轴(孔)

的轴心线，再在两顶针或四爪卡盘上加工。偏心轴的画线方法如下所示。

(1) 把工件车成一个光轴，直径为 d，在轴的端面和四周涂上一层蓝油，待蓝油吹干以后放在平板上的 V 形铁槽中，如图 2-35 所示。

(2) 用高度游标画线尺量出光轴最高一点到平板之间的距离，记录尺寸，再把高度画线尺游标下移工件半径的尺寸。在工件的端面和四周画出轴心线。画好以后可把工件转过 180°，再在端面上试画一条线，检查是否与原来的轴心线重合，如果重合，说明第一条线在中心。

(3) 把工件转过 90°，用角尺对齐已画好的轴心线，再用上面调整好的高度画线尺画出一条十字轴心线。

(4) 把高度画线尺的游标上移一个需要的偏心距，并在两端面画出偏心线，交点 A 即是偏心轴的中心，如图 2-35 所示。

(5) 在所画的线段上打几个小眼，以防止线条擦掉而失去根据。

(6) 如果在两顶针上安装加工偏心轴，应在工件两端面的偏心中心上分别钻出中心孔。偏心中心孔一般可在钻床上加工。

(7) 钻好中心孔以后，测量偏心距。如果测得的尺寸在要求的公差范围内，即可进行加工。必须指出的是，千分表测得的数值是偏心距的两倍。

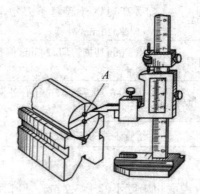

图 2-35　在 V 形铁上画偏心的方法

2. 在四爪卡盘上车削偏心工件

如果工件数量较少，长度较短，不便于两顶针装夹，这时可装夹在四爪卡盘上加工偏心。图 2-36 所示为用四爪卡盘加工偏心工件的方法。装夹时必须校正已画好的偏心中心线，使偏心中心线与车床主轴轴心线重合。偏心校正好以后，还必须校正侧母线。

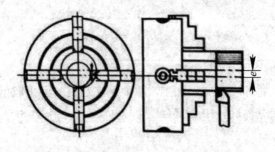

图 2-36　在四爪卡盘上加工偏心件的方法

由于工件装夹偏心以后，在开始切削时，两边的切削量相差很多，如果不注意到这一点，会产生事故，因此，在车削偏心时，应该先开动车头，并把车刀刀尖以偏心轴的最外一点逐步切入工件来车削外圆。

3. 在两顶尖间车削偏心工件

如图 2-37 所示，对于一般的偏心轴，只要两端面能钻中心孔，有鸡心夹头的装夹位置，都应该用两顶针间车偏心的方法。因为在两顶尖间加工偏心轴与车一般外圆没有多大区别，仅仅是两顶尖是顶在偏心中心孔中加工而已。这种方法的优点是不需要用很多的时间去找正偏心，偏心中心孔可经画线后在钻床上加工，偏心要求高的中心孔可在坐标镗床上钻出。

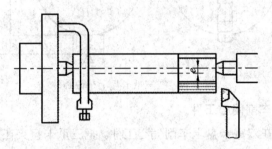

图 2-37　在两顶尖间车偏心件的方法

偏心距较小的偏心轴，在钻偏心中心孔时可能与主轴中心孔相互干涉。如图 2-38 所示，必须把工件的长度放长至两个中心孔的深度，即

$$L_1 = l + 2h$$

式中：L_1——毛坯轴长(mm)；

　　　l——偏心轴长(mm)；

　　　h——中心孔深度(mm)。

加工时，可先把毛坯车成光轴，然后车去两端中心孔至工件的长度，再画线钻偏心中心孔，车削偏心轴。

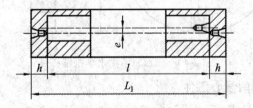

图 2-38　毛坯加长的偏心件

4. 在三爪卡盘上车削偏心工件

对于长度较短的偏心工件，也可以在三爪卡盘的一个卡爪上增加一块垫片，使工件产生偏心来车削，如图 2-39 所示。垫片的厚度可用下列公式计算：

$$x = \frac{1}{2}\left(3e + \sqrt{d^2 - 3e^2} - d\right)$$

式中：x——垫片厚度(mm)；

　　　　e——工件偏心距(mm)；

　　　　d——三爪卡盘夹住的工件部位直径(mm)。

　　实际上，由于卡爪与工件表面接触得不理想，用上面公式计算出来的垫片厚度 x 会产生误差，加工时又不很方便，因此现在已很少采用。

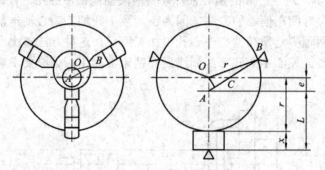

图 2-39　在三爪卡盘上车偏心件

5. 在双重卡盘上车削偏心工件

　　如图 2-40 所示，在双重卡盘上车削偏心工件。把三爪卡盘夹在四爪卡盘上，并偏移一个偏心距 e。在加工偏心工件时，只需要把工件装夹在三爪卡盘上就可以车削。这种方法第一次校正比较困难，加工一批零件的其余零件时就不必调整偏心了。但是，两只卡盘重叠在一起，刚性较差，切削用量只能选得较低。这种方法适用于少量生产。

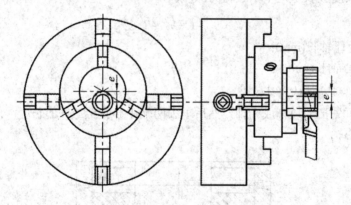

图 2-40　在双重卡盘上车削偏心件

6. 在偏心卡盘上车削偏心工件

　　在车床上车削偏心工件，可以设计制造一种偏心卡盘。图 2-41 所示为偏心卡盘的结构。偏心卡盘分为两层，花盘 2 用螺钉固定在车床主轴的法兰上，偏心体 3 与花盘燕尾槽相互配合。偏心体 3 上装有三爪卡盘 5。利用丝杠 1 来调整卡盘的中心距，偏心距 e 的大小可在两个测量头 6、7 之间测得。当偏心距为零时，测量头 6 和 7 正好相碰。转动丝杠 1 时，测量头 7 逐渐离开 6，离开的尺寸即是偏心距。如果偏心距要求正确，则在两测量头之间可用块规测量。当偏心距调整好后，用四个螺钉 4 紧固，把工件装夹在三爪卡盘上，就可以进行车削。

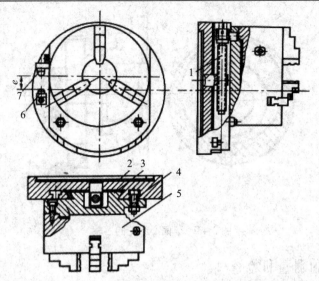

1—丝杠；2—花盘；3—偏心体；4—螺钉；5—三爪卡盘；6、7—测量头

图 2-41　偏心卡盘

由于偏心卡盘的偏心距可用块规或千分表测得，因此可以获得很高的精度。偏心卡盘调整方便，通用性强，是一种较理想的车偏心夹具。

7. 在专用夹具上车削偏心工件

在加工数量较多的短偏心轴时，可以制造专用夹具来装夹加工。图 2-42(a)所示是一种简单的专用夹具。外形做成台阶形，外圆用三爪卡盘夹住，一端可靠在三只卡爪的平面上。夹具中预先加工一个偏心孔，其偏心距等于工件的偏心距，工件就插在夹具的偏心孔中，用铜头螺钉紧固。图 2-42(b)所示为在偏心夹具的较薄处铣开一条狭槽，依靠槽的变形来夹紧工件。

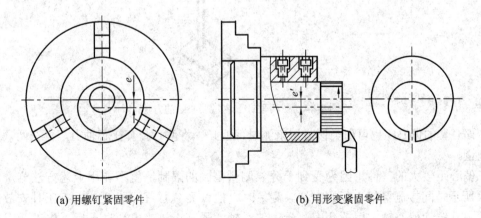

(a) 用螺钉紧固零件　　　　　　　　　　　(b) 用形变紧固零件

图 2-42　用专用夹具车偏心轴

图 2-43 所示是车偏心凸轮的芯轴。这根芯轴预先做好一个正确的偏距 e，芯轴的外圆夹在三爪卡盘中，工件装在偏心轴上。用螺钉和垫圈压紧工件后，就可以进行车削。这种方法加工方便，但比较浪费材料，适用于偏心距较小的有孔零件。

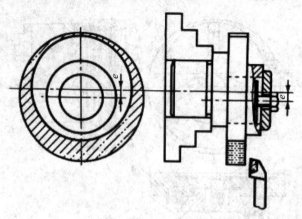

图 2-43　车偏心凸轮的芯轴

二、偏心件的测量和检查

图 2-44 所示是测量偏心距的方法。对于两端有中心孔的偏心轴，如果偏心距较小，则测量时把工件安装在两顶尖之间，以千分表的测量头接触偏心轴部分，用手转动偏心轴，千分表上指示出的最大值和最小值之差的一半就等于偏心距。

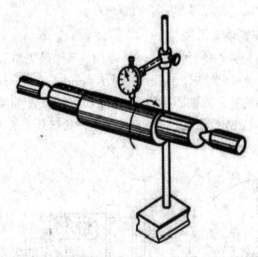

图 2-44　在两顶针上测量偏心距的方法

偏心套的偏心距也可用类似方法来测量，但必须将偏心套套在芯轴上，再在两顶尖之间测量。

偏心距较大的工件，因为受到千分表测量范围的限制，就不能用上述方法测量。图 2-45 所示是间接测量偏心距的方法。测量时，把 V 形铁放在平板上，并把工件安放在 V 形铁中，转动偏心轴，用千分表测量出偏心轴的最高点，找出最高点后，将工件固定不动。再水平移动千分表，测出偏心轴外圆到基准轴外圆之间的距离 a，然后用下式计算出偏心距 e：

$$\frac{D}{2} = e + \frac{d}{2} + a$$

$$e = \frac{D}{2} - \frac{d}{2} - a$$

式中：e——偏心距(mm)；

      D——基准轴直径(mm)；

      d——偏心轴直径(mm)；

      a——基准轴外圆到偏心轴外圆之间的最小距离(mm)。

用上述方法，必须将基准轴直径和偏心轴直径用千分尺测量出正确的实际尺寸，否则计算时会产生误差。

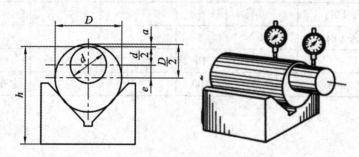

图 2-45　偏心件的间接测量方法

◈ 【任务评价】

偏心轴评价表(高级工)如表 2-14 所示。

表 2-14　偏心轴评价表(高级工)

项目	考 核 要 求		配分	实 测 数 据		扣分	得分
	精度	粗糙度 Ra		精度	粗糙度 Ra		
直径	$\phi 18_{-0.027}^{-0.006}$	1.6	10				
	$\phi 26_{-0.028}^{-0.007}$	1.6	10				
	$\phi 28$		2				
	$\phi 35_{-0.025}^{0}$	1.6	10				
	$\phi 19$		2				
	$\phi 24$		2				
	$\phi 20_{+0.002}^{+0.015}$	1.6	10				
长度	总长 210		2				
	28		2				
	68		2				
	59		2				
	30		2				

项目	考 核 要 求		配分	实 测 数 据		扣分	得分
	精度	粗糙度 Ra		精度	粗糙度 Ra		
其他	2(3 处)		4				
	4 ± 0.05		4				
	$8^{+0.036}_{0}$		4				
形位公差	$\equiv \phi 0.02A-B$		5				
	$\diagup 0.011$		5				
	$\odot \phi 0.01A$		5				
安全文明			10				
考核时间(180 min)		总分	100			总得分	

项目三　孔类零件车削工艺

 学习目标

(1) 掌握薄壁零件的加工特征和装夹方法。

(2) 知道薄壁件刀具的选择及切削用量的选择。

(3) 掌握薄壁零件的车削方法。

(4) 熟悉车削薄壁套、铣刀夹刀套的加工方法。

任务1　车削薄壁套

◇ 【任务导入】

图 3-1 所示为薄壁套筒件。该零件的特点是不好装夹，加工容易变形。本任务将分析薄壁类零件的加工特点、防止变形的装夹方法、车刀材料、切削参数的选择及车刀的几何角度。

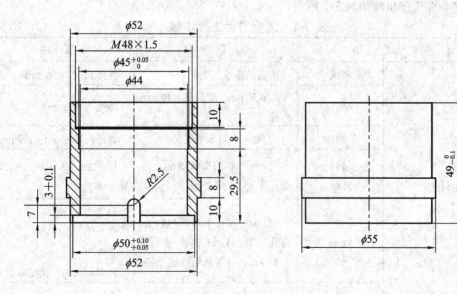

图 3-1　薄壁零件

◆ 【任务分析】

1. 读图

该工件是套类零件，长度为 49 mm，外径为 ϕ55 mm，内孔有 3 个尺寸，2 个台阶，1 处内螺纹，最薄处壁厚 1 mm，平均厚度为 4 mm，螺纹处厚度为 2 mm。

2. 工艺准备

(1) 材料准备：ϕ60 mm，45 钢，单件加工用料 70 mm。

(2) 设备准备：CA6140 普通车床，三爪卡盘。

(3) 工具准备：ϕ40 mm 钻头，活扳手，细纹锉刀。

(4) 刀具准备：90° 车刀，内孔 90° 车刀，内三角螺纹车刀，内孔切槽刀，倒角车刀，切断刀。

(5) 量具准备：150 mm 游标卡尺，深度卡尺，25～50 mm 千分尺，35～50 mm 内径百分表。

(6) 辅具准备：圆锥胀力芯轴。

3. 工艺过程

(1) 卡住毛坯伸出 56 mm，钻 ϕ40 mm 孔，孔深为 56 mm，车平端面，车 ϕ55 mm 外圆到尺寸，车 ϕ52 mm 外圆到长度为 31 mm，车内孔 ϕ44 mm 到长度为 52 mm，车 $\phi45_0^{+0.05}$ mm 内圆到长度为 19.5 mm，车 $M48 \times 1.5$ 内螺纹，检查工件尺寸，切断工件，总长度为 49.5 mm。

(2) 调头用胀力芯轴装夹，车端面，保证尺寸为 $49_0^{+0.1}$ mm，车 ϕ52 mm 外圆到尺寸长度为 10 mm。车内台阶孔 $\phi50_{+0.05}^{+0.10}$ mm，长度为 $3_0^{+0.1}$ mm，到图纸设计的尺寸，检查工件尺寸。

4. 工序步骤

薄壁零件工序步骤如表 3-1 所示。

表 3-1　薄壁零件工序步骤

工序	设备	装夹方式	加工内容	加工步骤	备注
1	CA6140	三爪卡盘	装夹	用三爪卡盘装夹	伸出长度为 56 mm
			钻孔	用 ϕ40 mm 钻头钻 ϕ40 mm 内孔	深度为 55 mm
			车端面	用 90° 车刀车平端面	保证粗糙度 $Ra = 3.2$ μm
			粗车 ϕ55 mm 外圆	用 90° 车刀车 ϕ55 mm 外圆，车 ϕ52 mm 外圆	长度为 53 mm，长度为 31 mm
			车 ϕ44 mm 内孔	用 90° 内孔车刀车 ϕ44 mm 内孔，车 ϕ45 mm 内孔；车 $M48 \times 1.5$ 内螺纹底小径	长度为 53 mm；到 $\phi45_0^{+0.05}$ mm，长度为 19.5 mm；到 ϕ46.5 mm，长度为 11 mm
			倒角	倒角 $1 \times 45°$	

续表

工序	设备	装夹方式	加工内容	加 工 步 骤	备 注
1	CA6140	三爪卡盘	切退刀槽	用内孔切槽刀车内孔螺纹退刀槽	长度为 11.5 mm,右边切出,保证台阶长度为 8 mm,槽长度为 1.5 mm × ϕ48 mm
			车内螺纹,去锐边	用内三角螺纹车刀车 $M48 \times 1.5$ 内螺纹,用倒角车刀去掉两处锐边	
			检查、切断	用切断刀切断工件	总长度为 49.5 mm
2	CA6140 普通车床	三爪卡盘	调头装夹		把工件的螺纹一端套在胀力芯轴上,靠近平端面,把芯轴螺栓拧紧,推动三角瓣内圆锥面套向外胀开,把工件撑紧卡牢
			车端面	用90° 外圆车刀车端面	保证总长为 $49_0^{+0.1}$ mm
			精车	精车ϕ52 mm 外圆	长度为 10 mm
			精车	用 90° 内孔车刀车ϕ50 mm 内圆	直径为 $\phi50_{+0.05}^{+0.10}$ mm,长度为 $3_0^{+0.1}$ mm
			锐角倒钝	用倒角车刀去掉锐角	三处
			检查	检查工件尺寸	卸下工件,车加工完毕

5. 加工要点

(1) 圆锥胀力芯轴锥柄部分安装在主轴锥孔内,其配合精度要达到接触面积的 90 %,这样才能保证使用精度,并可以重复安装使用。安装时要把主轴锥孔表面擦干净,不许有任何灰尘杂物。

(2) 制作胀力芯轴时要用两顶针装夹精车,以确保同轴公差达到要求。

(3) 这种装夹胀力芯轴的方法适用于装夹多种类似工件,安装方便可靠,薄壁套不变形,可重复使用。

◈ 【任务实施】

一、薄壁类零件简介

薄壁类零件一般指的是零件的径向尺寸、轴向尺寸与其壁厚尺寸相差较大(一般相差为几十倍甚至上百倍)的零件。薄壁类零件多为金属材料,具有节省材料、结构简单的特点,广泛运用于日常生活及生产生活中,但因为薄壁类零件具有壁薄的结构特点,因此其对来自径向的负载的抵抗力较差,导致薄壁类零件的刚性差,强度低。在车削加工中,受夹具装夹、车床加工负载等因素的影响,薄壁类零件极易变形,难以保证零件的加工质量和加工精度。因此，提高薄壁类零件的加工精度是影响加工质量的重要因素。

二、薄壁类零件车削加工特点、存在的困难、原因及解决方案

车削加工过程中常常遇到加工薄壁类零件的场景，如轴套薄壁件(见图3-2)、环类薄壁件(见图3-3)、盘类薄壁件(见图3-4)。本任务分析了薄壁类零件的加工特点、防止变形的装夹方法、车刀材料的选用、切削参数的选用及车刀几何角度的选择，为今后更好地对改进车削薄壁类零件的加工工艺提供一些建议。

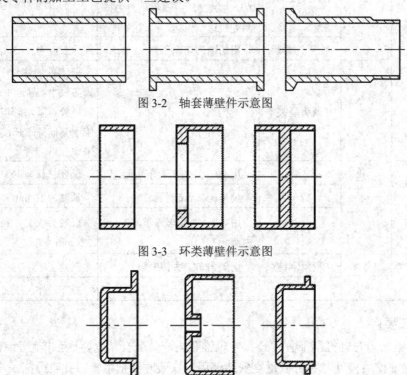

图 3-2　轴套薄壁件示意图

图 3-3　环类薄壁件示意图

图 3-4　盘类薄壁件示意图

1. 薄壁类零件的加工特点

(1) 薄壁类零件装夹时易变形。薄壁类零件的壁厚与径向、轴向尺寸相差较大，因此在使用通用夹具装夹时，增加夹紧力，极易造成薄壁类零件变形；若降低装夹时的夹紧力，又会造成加工过程中工件松动、摇晃，降低加工零件的尺寸精度和形状精度，甚至产生废品。三爪卡盘是装夹轴类零件的一种常见夹具，但是对于薄壁套类零件，三爪卡盘夹紧薄壁零件外圆时，径向夹紧力易使薄壁零件外圆变形。车削过程中将零件加工成圆形，但卸下零件后，被卡爪夹紧的部位会因为金属的弹性形变而反弹变形，导致零件最终呈多角形。

(2) 薄壁类零件的加工精度容易受到温度的影响。金属材料的导热性能通常较好，薄壁类零件在加工过程中能够迅速地把车削加工中产生的切削热传递到零件的各部位直至远端。由于金属的热胀冷缩，薄壁类零件会膨胀并产生热应力。完成加工、卸掉夹具并冷却后，零件会在热应力的作用下产生形变，降低了加工的精度和质量。对于一些热膨

胀系数较高的金属材料,加工时切削热会让零件急剧膨胀,有时会出现零件卡死在夹具上的现象。

(3) 相对位置不准确,增加壁厚加工精度误差。一些轴向尺寸较大的薄壁套类零件,对工件、夹具、刀具与机床的主轴旋转中心的同轴度精度要求很高。同轴度精度低会导致加工出的内孔与外圆不同轴,出现斜孔,或造成工件几何形状和壁厚分布不均匀。

(4) 尺寸精度和表面粗糙度难以控制。薄壁类零件受到夹紧力的影响,在车床夹具主轴旋转过程中容易产生离心甩动,在切削力的影响下,使得外圆尺寸和表面粗糙度的精度降低。若受刀具磨损或刀具安装角度不正确等因素的影响,会严重降低工件外圆表面尺寸和表面粗糙度的精度,甚至出现颤纹。

(5) 薄壁类零件受刀具选择的影响较大。精车薄壁零件孔时,要选用刚度高的刀具,修光刃不宜过长,刀具刃口要锋利,从而保证加工质量。在加工过程中,刀具磨损对薄壁类零件的加工极为敏感,若不注意观察刀具在切削过程中的磨损,可能会导致刀具进给量的计算出现误差。刀具的逐渐磨损会导致加工件的孔径出现锥度,特别是在加工刚性和硬度较大的金属材料时,尤其要注意这一点。

(6) 加工精度、表面质量及加工效率受冷却方式的影响较大。切削热对某些热膨胀系数较大的金属材料会造成极大影响,若不使用冷却液对工件进行冷却,完成加工后会产生较大的形位误差。冷却液除可以降低工件温度的功能外,还能为工件及刀具间提供润滑作用,可提高工件表面粗糙度的加工精度,延长刀具的使用寿命。

2. 薄壁类零件的装夹方法

三爪卡盘由于其三爪同进同退,自动定心性好,常用于装夹圆柱形毛坯件。图 3-5 是用三爪卡盘装夹薄壁类零件进行加工的示意图。图 3-5(a)是三爪卡盘夹紧工件的示意图。当夹具的三爪夹紧时,工件受到三个集中的指向工件轴心的径向夹紧力。由于薄壁类零件对径向负载的承受能力较差,因此工件易变形。图 3-5(b)是在工件夹紧的情况下进行切削加工,根据尺寸需要,多次走刀加工出需要的内孔尺寸。虽然内孔尺寸和圆度满足加工要求,但是由于夹紧力使工件外圆变形,导致形成的薄壁类零件壁厚不均匀。图 3-5(c)是工件从三爪卡盘中取出后的形状。当薄壁类零件从卡盘中卸下时,之前受到的三处夹紧力消失,工件外圆回弹,外圆回弹回圆形后,在金属材料内应力的作用下拉扯内圆形成如图 3-5(c)所示的类圆多边形。此类圆多边形会严重影响工件质量,尤其是加工与轴配合的套筒类零件时,装配精度和质量大大降低。此外,内圆、外圆间的残留应力会使工件内部金属间相互拉扯,甚至产生内扭力,影响工件的塑性且易加快工件疲劳。

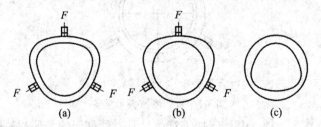

图 3-5 三爪卡盘装夹薄壁套类零件示意图

针对三爪卡盘对薄壁类零件装夹的局限性,可就薄壁类零件的装夹方式做一些改进,从而减小薄壁类零件的变形。

1) 改用弧形软爪

如图 3-6 所示，在三爪卡盘卡爪处采用弧形软爪的设计，由于三爪卡盘的三爪硬度大，接触面积较小，因而受力比较集中。

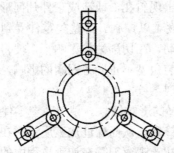

图 3-6　弧形软爪三爪卡盘示意图

从图 3-6 中可以看出，通过在三爪卡盘卡爪处焊接弧形软爪，可增大与薄壁类毛坯件外圆间的受力面积；调整软爪内径，使其与薄壁工件外径相同，可增加与外圆表面间的贴合度，分散夹紧力，且可使夹紧力均匀分布在外圆圆周上，从而有效减少薄壁套类零件的夹紧变形，并保证软爪具有足够的刚度。

弧形软爪的优点是：三爪卡盘不易产生形变，可以适当增加加工过程中的切削用量，提升加工效率。其缺点是：弧形软爪不易加工，为减少对薄壁类零件外圆表面的损伤，对与工件贴合的软爪内表面表面粗糙度的精度要求较高；软爪材料要有较高的塑性；软爪与三爪卡盘的焊接工艺要求高，焊接后能够保证三个弧形软爪的位置的对称度较好，否则会降低工件与夹具的同轴度。

2) 采用开口套

如图 3-7 所示，采用开口套外圆大面积接触替代原有的三爪卡盘三个卡爪的小面积接触。同样采用增加接触面积来分散夹紧力，可更好地使加紧应力均匀分布在毛坯大圆外表面上，从而保证工件不易产生形变。开口套的开口位置应位于两卡爪的中间位置，从而保证受力对称，不会在装夹、加工过程中产生扭矩而影响加工质量。

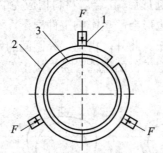

1—三爪卡盘；2—开口套；3—工件

图 3-7　开口套装夹示意图

开口套与弧形软爪一样，有一定加工难度，且对所使用的金属材料的塑性及抗疲劳强度有较高的要求，焊接时需注意开口套与三爪卡盘卡爪焊接点位置的对称性。

3) 采用花盘装夹

对于某些大直径、大尺寸且尺寸精度和形状的精度要求较高的薄壁类零件，可使用花盘装夹后进行加工。在进行固定之前要使用千分表调整、定位，保证薄壁套与车床主轴同轴。特别需要注意的是，在装夹时，不能先完全压紧一个压板之后，再压其他压板。应该均匀、对称、逐渐地夹紧压板，让夹紧力缓慢、均匀地施加在薄壁套类零件上。完成车削加工之后，松开压板也要遵照依次、有序、缓慢的原则来进行拆卸，目的是防止完全松开一个压板后受力不对称，使零件内部产生内应力残留，从而有效降低大直径薄壁类零件的形变问题。

花盘装夹对大直径的薄壁类零件有较好的夹紧效果，但是操作较为复杂，需要有一定的操作熟练度和经验，方可较好地完成装夹工作。

4) 采用芯轴辅助装夹

如图 3-8 所示，若需要对薄壁类工件外圆进行加工，采用芯轴定位、辅助压盘固定是较好的一种装夹方式。为有效防止车削过程中芯轴和薄壁套产生相对滑动，可使用台阶芯轴限制工件在轴向的自由度。但是芯轴辅助装夹不利于提高工件加工的尺寸精度和形位精度，故不适合加工精度要求较高的零件。

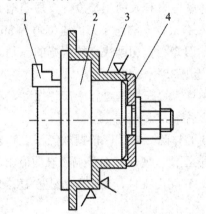

1—三爪卡盘；2—芯轴；3—薄壁套；4—压紧盘

图 3-8　芯轴辅助夹紧示意图

5) 增加辅助支撑面

可以通过增加辅助支撑面来分散夹紧力，如增加工艺肋，如图 3-9 所示。薄壁类零件可以在卡爪装夹部位增加几根特制的工艺肋，使夹紧力由薄壁类零件转移到工艺肋上，从而增加这些工艺肋部位的刚性，但工艺肋的安装较为复杂，不适合用于大批量薄壁类零件的加工。

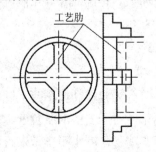

图 3-9　工艺肋辅助装夹示意图

3. 在车削薄壁类零件时所采取的解决方案

薄壁类零件因几何形状和工艺技术的要求有差异，故车削薄壁类零件后容易产生形变和残留应力。这主要是因为在夹紧过程中夹紧力不均匀，完成加工卸下夹具后工件内部的内应力无法消退。因此，根据不同尺寸和形状的薄壁类零件的特点，采取定制化的装夹方式和工艺方法，可以有效提高工件加工后的质量和精度。定制化加工工艺要从薄壁类零件不变形、加工质量与加工精度符合工艺要求的角度去设计。

1) 选择合理的刀具材料及技术参数

由于薄壁类零件材料强度普遍较高，韧性好，在车削过程中易产生较大的切削力，因此，除钻孔外，尽量使用合金刀具(合金刀具具有硬度高、耐磨损等特点)。薄壁零件因为壁厚尺寸小，对径向外力的抵抗很差，所以需选择合适的刀具几何角度，尽可能地降低零件加工过程中受到的切削力并控制切削力的方向。

(1) 主偏角影响切削力在径向和轴向上的分布，刀具可选用较大的主偏角。例如，外圆精车车刀主偏角为 90°～93°，内孔精车车刀主偏角为 60° 左右。

(2) 副偏角影响切削热、摩擦力和表面粗糙度。要适当增大刀具副偏角，如外圆精车车刀可选用的副偏角为 15° 左右，内孔精车车刀的副偏角为 30° 左右。

(3) 选用前角要遵循使车刀锋利、切削快、排屑好的原则。如果薄壁类工件材料强度高，硬度高，塑性好，则可选用 25°～35° 的前角。

(4) 后角不宜过大，后角增大会在切削过程中产生振动，不利于薄壁类零件避免形变的原则。可选用 14°～16° 的后角。

(5) 刃倾角可以控制切屑的排除方向，应根据加工精度和表面质量的要求来合理选择刃倾角。精加工时刃倾角应取正值，使切屑沿待加工表面流出，避免划伤已加工表面。增大刃倾角可以使刀具逐渐切入和切出工件，使切削过程平稳，切削力均匀，有利于保证刀具的锋利度。

(6) 刀尖形状可选用圆弧半径及修光刃均较小的值，从而减小加工过程中的振动。

2) 切削液的选用

根据工件的材料、加工工艺、刀具材料等特性来选用正确的切削液。

(1) 使用高速钢刀具粗加工时，宜以水溶液冷却为主，以减小切削热和降低切削温度。

(2) 使用硬质合金刀具进行中、低速精加工时，宜使用极压切削油或高浓度的极压乳化液，从而减小刀具与工件间的摩擦。切削油和乳化液还可以提高加工表面的质量并延缓刀具磨损，延长刀具的使用寿命。

4. 薄壁类零件加工工艺选择

1) 先粗后精

一般薄壁类零件的车削加工可分为粗车和精车两个过程，先对毛坯件进行粗车加工，粗车后进行热处理，最后进行精车。对于一些形状复杂、尺寸精度和形位精度要求高的零件，还可以在热处理后进行半精车加工，减小粗车带来的形状、尺寸上较大的误差，提升粗车后工件的精度，为精车的装夹和定位提供更好的加工状态。

2) 先内后外

薄壁类零件车内孔时，要装夹固定外圆，因此会对外圆表面造成一些损伤，因此可采取先内后外的方式进行加工。当精车加工完内孔后，可配合芯轴装夹固定，再对外圆进行精车，以内孔定位轴向夹紧，防止在加工外圆过程中因为薄壁套类零件滑动导致加工精度降低。

3) 一次装夹完成所有加工步骤

对于毛坯料是棒料或带有工艺台的薄壁类工件，应尽量通过一次装夹完成此次装夹能够完成的所有加工步骤，尽可能减少装夹次数，减少夹紧力对薄壁工件造成的形变。

5. 在车床加工中薄壁类零件切削用量的选择

车削用量是影响车削加工效率和加工质量的因素，车削加工中三个重要的车削用量参数分别是背吃刀量(a_p)，切削速度(v)及进给量(f)。背吃刀量会影响切削力的大小，加工过程中产生的切削热则主要是由切削速度决定，进给量也会影响切削力的大小。

一般来说，在一定的切削速度范围之内，切削力会随着背吃刀量的增加而线性增加。与切削速度对切削力的影响相比，进给量的增加对切削力的影响只有 70 %左右。所以，背吃刀量和进给量同时增加，切削力也会随之增加，薄壁类零件的形变也就越大，会严重影响工件加工质量，甚至导致工件加工后残留内应力，工件强度无法满足工艺要求；如果增大进给量，减小切削速度，则切削力虽有所降低，但工件表面的加工质量会大打折扣，表面粗糙度增大，材料强度不高的薄壁类零件甚至会出现变形的情况，而且增加进给速度会加速刀具的磨损，可能还会在加工面上产生颤纹。

在精车加工中，可适当增加背吃刀量和进给量，从而提高加工效率。在此过程中可使用硬质合金钢刀具并辅以均匀喷洒冷却液，从而减小切削产生的摩擦，提高表面质量。精加工时，背吃刀量 a_p = 0.2～0.5 mm，进给量 f = 0.1～0.2 mm/min 甚至更小。

适当提高车削速度可以提高加工面的质量和表面粗糙度，但是过快的切削速度会导致工件和刀具发生振动，甚至可能导致薄壁类零件发生形变，同时会加速刀具磨损，使刀具的锋利度降低。根据工件的几何尺寸、壁厚、工件直径、刀具材料和角度，一般取切削速度 v = 6～120 m/min。表 3-2 给出了不同加工材料、刀具材料下切削用量参数的推荐值。

表 3-2 精车薄壁类零件切削用量参数的推荐值

零件材料	刀头材料	切削用量推荐		
		切削速度 v/(r/min)	背吃刀量 a_p/mm	进给量 f/(mm/r)
渗碳钢	YT15	200～300	0.10～0.15	0.05～0.10
不锈钢	YD8、YD15	200～300	0.05～0.10	0.02～0.05
调质钢	YT15	300～400	0.10～0.15	0.05～0.10

6. 加工薄壁类零件过程中减小振动的措施

(1) 调整车床主轴、拖板、床鞍、刀架和滑动部位的间隙，使转动和滑动部分处于最佳状态。

(2) 使用吸振材料，用软塑料、橡胶带、橡胶片、软橡胶管、棉纱等材料填充或包裹零件。当工件旋转时，在离心力的作用下橡胶片将紧贴孔壁，能防止振动传播，起到减小振动和消除噪音的作用。

(3) 将低熔点的物质(如石蜡)填入薄壁类零件与芯轴内孔间的缝隙中，两端用堵头封上，不但减小振动，还可以减小变形。

(4) 采用楔形芯轴填充法，使楔形芯轴与零件内孔紧密配合，从而达到减振的目的。

7. 正确使用跟刀架和中心架

1) 跟刀架的选择使用

因为工件薄而长，工件刚性差，容易产生振动和变形，所以在粗精车时，正确使用跟刀架和中心架是解决工件振动和变形的重要手段。

二爪跟刀架车削时，车刀给工件的切削合力 F 使工件贴在跟刀架的两个卡爪上，但实际使用时，由于工件本身有一个向下的重力 G，因此可产生离心力作用，可能使工件瞬时离开卡爪而产生振动；而三只卡爪的跟刀架，在三个方向和刀具组成封闭图形，限制了工件上下、左右的径向跳动，所以最好选用三爪跟刀架。

支承卡爪的材料多为 HT100 灰口铸铁，因工件薄，易与支承爪产生摩擦热，使工件产生形变，影响尺寸精度，故为减少摩擦热，可采用胶木、电木或尼龙制作支承卡爪。

2) 跟刀架支承爪的调整方法

(1) 在已加工表面上调整支承爪与刀具的支承位置，使之相距小于 10 mm。

(2) 背吃刀量必须在整个薄套的全长上，才能够消除毛坯，不能留有黑皮和斑痕。

(3) 拧紧后支承爪 A 至工件外圆，采用手感、耳听、测表等方法有效控制支承爪接触到外圆的松紧程度。

(4) 拧紧下支承爪 B 和上支承爪 C。

(5) 经常对各支承爪的接触情况进行检查，并注意冷却润滑。

(6) 用反向走刀法车削薄壁外圆。

3) 中心架的选择使用

采用中心架是为了增加工件刚性。根据支承爪的结构不同，常见的有带滚动轴承的中心架和铸铁支承中心架，但铸铁支承爪与薄壁套极易产生摩擦热，可以将铸铁支承爪更换为胶木、电木或尼龙支承爪，以减少摩擦热。

(1) 对于外圆已车好的工件，在保持工件表面不被划伤时，可选用适合的中心架。

(2) 将中心架调整至距工件右端 1/4 处。

(3) 轻轻拧紧中心架的活臂卡子。

(4) 拧紧靠近操作者的支承爪 A，直到支承爪轻微接触到外圆为止(可结合手感、耳听、目测等方法)。

(5) 拧紧远离操作者的支承爪 B，接触情况同上。

(6) 向下拧上面的支承爪 C，接触情况同上。

(7) 拧紧各支承爪的固定螺钉。

(8) 在支承爪与外圆间加机械润滑油，防止发热。

◈ 【任务评价】

薄壁套评分表(中级工)如表 3-3 所示。

表 3-3　薄壁套评分表(中级工)

项目		考 核 要 求		配分	实 测 数 据		扣分	得分
		精度	粗糙度 Ra		精度	粗糙度 Ra		
薄壁套	直径	$\phi52$		10				
		$\phi45_0^{0.05}$		10				
		$\phi50_{+0.05}^{+0.10}$		10				
		$\phi44$		5				
		$\phi55$		5				
	长度	7		5				
		$3+0.1$		5				
		8(两处)		5				
		10(两处)		5				
		29.5		5				
		$49_{-0.1}^{0}$		10				
其他		$M48\times1.5$		10				
		$R2.5$		5				
安全文明				10				
考核时间		180 min	总分	100			总得分	

任务 2　车削铣刀夹刀套

◈ 【任务导入】

图 3-10 所示为铣刀夹刀套，该工件是套类工件，壁厚尺寸较小，外部有锥面、圆柱面、浅宽沟槽，内部有台阶内孔，有 2 处形位基准，3 处形位公差。有 3 处加工表面有较高的表面粗糙度要求，需要热处理后再进行磨削加工。

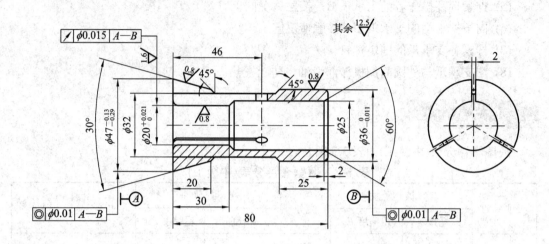

图 3-10　铣刀夹刀套

◈ 【任务分析】

1. 读图

该工件是套类零件，壁稍薄，外部有锥面、圆锥面、浅宽沟槽，内部有台阶内孔，有 2 处行位基准，3 处形位公差，3 处粗糙度要求较高，需热处理后进行磨削加工。

2. 工艺准备

(1) 材料准备：ϕ50 mm、轴向长度 130 mm 的 45 钢毛坯件。

(2) 设备准备：CA6140 普通车床，ϕ250 mm 三爪卡盘，弧形软爪。

(3) 刀具准备：45°外圆车刀、45°内孔车刀、切断刀、90°正偏刀、30°内孔倒角刀、内孔圆角车刀。

(4) 量具准备：150 mm 卡尺。

3. 工艺过程

(1) 首先将三爪卡盘与弧形软爪焊接，用弧形软爪夹住工件，使之伸出长度为 90 mm，车端面，钻中心孔，采用一夹一顶的方式固定工件。粗车 ϕ47.6 mm，长度为 35 mm，钻 ϕ18 mm 孔、深度为 90 mm，车端面，车 ϕ20 mm 内孔到长度为 ϕ19.5 mm，倒 R3 圆角，重新支顶尖，外圆刀车 ϕ36 mm 到 ϕ36.6 mm，车 30°圆锥面，车长度为 ϕ32 mm 槽，切断。

(2) 调头装卡 ϕ36.6 mm 的外圆，圆心找正，车长度为 ϕ25 mm 的内孔，内、外倒角，检查工件各部位加工尺寸是否达到要求。

4. 工序步骤

铣刀夹刀套工序步骤如表 3-4 所示。

表 3-4 铣刀夹刀套工序步骤

工序	设备	装卡方式	加工内容	加 工 步 骤	备 注
1	CA6410	三爪卡盘一夹一顶	装卡	用三爪卡盘配合弧形软爪卡牢毛坯外圆	留出长度为 90 mm
			钻中心孔	钻中心孔	用活动顶尖装卡
			车端面	用 90° 车刀车端面	车刀顶尖处
			粗车	用 45° 外圆车刀粗车 $\phi47$ mm 外圆	到 $\phi47.6$ mm，长度为 35 mm
			钻孔	用 $\phi18$ mm 钻头钻孔	孔深 90 mm 长
			精车	用 45° 内孔车刀精车 $\phi20$ mm 内孔	到 $\phi19.5$ mm 长度为 40 mm
			倒角	孔边倒圆角；用活顶尖重新顶住工件内孔	$R3$
			车外圆	用 45° 外圆车刀在距离端面 30 mm 处向内切车后部外圆的外径	到 $\phi36.6$ mm 车到卡盘外 3 mm 处
			粗车	用 45° 车刀粗车圆锥面	角度要调准
			切标记	用切断刀在总长尺寸位置处切出长度标记	直径为 $\phi34$ mm
			切槽	用 45° 车刀切槽	槽底直径车到 $\phi32$ mm，槽宽左边车刀距总长标记 25 mm 处，槽宽右边车到距端面椎体长度位置 20 mm 处
2			倒角	用 45° 车刀在总长尺寸 80 mm 处倒角	$1 \times 45°$
			切断	用切断刀在总长尺寸 80.2 mm 处切断	
3			装卡	调头装卡卡住 $\phi36.6$ mm 外圆处，找正外圆和端面	
			车内孔	用 45° 内孔车刀车 $\phi25$ mm 直径内孔	到尺寸，保证剩余长度为 30 mm
			倒角	用 30° 内孔倒角刀车 30° 内孔倒角	长度为 2 mm
4			检查	检查合格	卸下工件

5. 注意事项

(1) 图纸上标注的粗糙度 $Ra = 0.8\ \mu m$ 等，车床上难以达到要求，应选用其他加工方法。

(2) 在工件两端孔口处倒角时，要找正中心、保证工件内孔端口光滑，以便磨床加工时，装卡可靠，磨损变形小。

(3) 该图纸技术说明部分标出：淬硬度 HRC47，该硬度只能磨床加工。在车床加工时，在粗糙度要求高的部分，应为磨削加工留出余量，一般留 0.5～0.8 mm。

◈ 【任务实施】

一、铣刀和铣刀夹套

铣刀常用于铣削加工，具有一个或多个刀齿的旋转刀具，常用于在铣床上加工平面、沟槽、台阶、成形表面和切断工件等。常见的铣刀种类有圆柱形铣刀、面铣刀、立铣刀、三面刃铣刀、锯片铣刀、角度铣刀、T 形铣刀等。

固定铣刀的常见方式多采用铣刀夹套的装夹方式，铣刀在使用时处于悬臂状态。铣刀夹套与铣刀间的固定会对工件的加工质量产生较大的影响。最主要的影响因素是：因为铣刀与铣刀夹套间有微小的间隙，所以在铣削加工中刀具会出现振动，铣刀夹套和刀具相互振动会造成刀具在加工时的位置不断晃动，铣刀圆切削刃的背吃刀量不均匀，刀具和工件切削力也因此不均匀，会降低加工质量且加速刀具的磨损。

二、铣刀夹套的类型

铣刀夹套可分为外支撑轴套、中间支撑轴套及锥形外径轴套。

外支撑轴套被安装在远离主轴的一端。它必须能够承受由切削产生的强大切削力，同时仍然能很精密地保持被加工零件的精密公差。这种方式普遍应用于锯片铣削刀杆、铣锁瓦槽刀杆、铣开挡刀杆和铣半圆弧刀杆。

中间支撑轴套常被安装在组合铣刀杆上，并可以放在主轴和外支撑套之间的任意位置，可单独一个或多个轴套装在刀杆上提供足够的支撑。这种方式普遍应用于锯片铣削刀杆、铣锁瓦槽刀杆、铣开挡刀杆和铣半圆弧刀杆。

锥形外径轴套常用于标准的卧式铣床的铣刀杆、这种轴套可以替代原来装在这种铣床上的青铜锥形轴套。这种方式能较好地缓冲和分散切削力，消除刀颤和振动，避免刀杆扭曲和抱轴，避免刀具磨损，避免轴承外套磨损和划痕以及减少了铣床维修的时间和费用。

三、铣刀夹套的材料选用

因为铣刀夹套工作时通常会承受高频率的振动和切削应力，所以常使用硬质合金等强度和硬度较高的金属来作为铣刀夹套的材料。这样可以提高铣刀夹套的负载能力，也可以提高刀具的刚性以提高转速，从而可以提高加工效率。

◈ 【任务评价】

铣刀夹套评分表(高级工)如表 3-5 所示。

表 3-5 铣刀夹套评分表(高级工)

项目		考 核 要 求		配分	实 测 数 据		扣分	得分
		精度	粗糙度 Ra		精度	粗糙度 Ra		
铣刀夹套	直径	$\phi47$	1.6	9				
		$\phi18$	6.3	6				
		$\phi20$	1.6	9				
		$\phi36.6$	6.3	9				
	长度	30		4				
		90		4				
		35		4				
		40		6				
		30		6				
	切槽	1.5	3.2	9				
		$\phi32$		5				
螺纹		$M48$	6.3	6				
倒角		$1 \times 45°$		5				
形位公差		◎$\phi0.01A$-B		3				
		◎$\phi0.01A$-B		5				
安全文明				10				
考核时间		180 min	总分	100			总得分	

项目四　　盘类零件车削工艺

学习目标

(1) 掌握定位盘的装夹方法及车削方法。

(2) 掌握定位偏心孔的加工方法。

(3) 掌握滚轮的装夹方法及车削方法。

任务 1　　车削三孔定位盘

◈ 【任务导入】

图 4-1 所示为工程中常见的三孔定位盘，该零件尺寸小，盘上有偏心锥孔、螺纹孔和带圆弧面的细小通孔，加工难度较大，需选取较特殊的装夹方式，才能保证零件的加工质量。通过本任务的学习和实践练习，应掌握定位盘一类零件的装夹和加工方法。

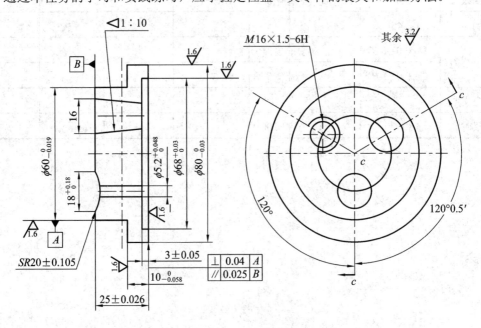

图 4-1　三孔定位盘零件图

◇ 【任务分析】

1．读图

该零件为盘类零件，最大直径为 $\phi80_{-0.03}^{0}$ mm，总长度为 25 ± 0.026 mm。左侧外圆直径为 $\phi60_{-0.019}^{0}$ mm，右侧内圆直径为 $\phi68_{0}^{+0.03}$ mm，在 $\phi34 \pm 0.1$ mm 圆周上三等分位置有三个圆孔：一个是 $\phi5.2_{0}^{+0.048}$ mm 的小尺寸内孔，左侧端面是圆弧面；一个是带三角螺纹的圆孔；一个是锥孔，锥度为 1：10。该零件行为公差要求有两处：一是右端面相对于左端面的平行度公差为 0.025 mm；另一个是右端面相对于 $\phi60_{-0.019}^{0}$ 外圆中心线的垂直度公差为 0.04 mm。该零件中 6 个面的粗糙度 $Ra = 1.6$ μm，其余 $Ra = 3.2$ μm。

2．工艺准备

(1) 毛坯材料：直径 $\phi85$ mm、长度为 30 mm 的 45#圆钢。

(2) 设备工具：CA6140 普通车床，$\phi16$ mm 的 1：10 圆锥铰刀，$\phi5.2$ 钻头，$\phi13$ 钻头，$M16 \times 1.5$ 丝锥，A4 中心钻，钻夹头。

(3) 刀具：45° 外圆车刀，90° 外圆车刀，内端面车刀。

(4) 量具：150 mm 游标卡尺。

3．工艺过程

(1) 在车床上用三爪卡盘装夹，粗车、精车 $\phi60$ mm 外圆，粗车 $\phi80$ mm 外圆。

(2) 将工件掉头包铜皮后装夹，精车 $\phi80$ mm 外圆，车 $\phi68$ mm 内台阶平面。

(3) 上辅助夹具分别加工 1：10 锥孔，$M16 \times 1.5$ 螺纹孔，车 $\phi5.2$ mm 孔及圆弧端面，检查。

4．工序步骤

三孔定位盘工序步骤如表 4-1 所示。

表 4-1　三孔定位盘工序步骤

序号	设备	装夹方式	加工内容	加 工 步 骤	备 注
1	CA6140 普通车床	三爪卡盘	粗车平端面	用 45° 车刀粗车平端面	留出 22 mm 长
				用 90° 车刀精车平端面	保证粗糙度 Ra 为 3.2 μm
			粗车	用 90° 车刀粗车 $\phi80$ mm 外圆	到 $\phi82$ mm，长度到卡盘外 1 mm 处
			粗车	粗车 $\phi60$ mm 外圆	到 $\phi60.8$ mm，长度为 14.5 mm
			精车	精车台阶端面	长度为 15 mm
				精车 $\phi60$ mm 外圆	到 $\phi60_{-0.019}^{0}$ mm
			倒角	倒角 $\phi82$ mm 外圆，去掉 $\phi60$ mm 外圆锐边	$1.5 \times 45°$

序号	设备	装夹方式	加工内容	加工步骤	备注
2	CA6140普通车床	掉头装夹			把 ϕ60 mm 外圆包上铜皮靠平卡住
			粗车端面和外圆	用 45° 车刀粗车端面，用 90° 车刀粗车 ϕ80 mm 端面外圆	到 ϕ82 mm
			精车	精车端面	保证 10 mm 的尺寸公差
			粗车	用内孔车刀粗车 ϕ68 mm 内止口	内孔直径到 ϕ67.5 mm，长度为 2.7 mm
			精车	精车 ϕ68 mm 内止口到要求的尺寸	直径到 $\phi68^{+0.03}_{0}$ mm，止口长度为 3±0.05 mm
				向内精车内端面	去锐边
			检查		卸工件
3	CA6140普通车床		画线	画出 ϕ34 mm 圆周上的三个偏心圆中心点	卡在分度头上，在端面和圆周上画 120° 等分线，画出偏心圆中心线
				用偏心孔车削夹具	把 ϕ150 mm 圆盘反爪装夹在盘上，靠平并用记号笔在某一卡盘方口上画好专用记号，在一只卡盘爪和圆盘接触的圆周上也画好对位记号
			车端面	用 45° 车刀车平端面	
			钻中心孔	用 A4 中心钻钻中心孔，再用 ϕ7.8 mm 钻头钻通孔	
			铰孔	用 ϕ8 mm 铰刀铰孔	
			画出圈线	开动车床，用刀尖在 ϕ34 mm 直径位置上画出圈线	45° 车刀刀尖要锋利
		三爪卡盘	找出 ϕ8 mm 圆心高度	用高度卡尺在中拖板前端的平面上找出 ϕ8 mm 圆心高度	
			画通过中心点的直线	在圆盘的端面上画出一条通过圆盘中心点的直线	

续表二

序号	设备	装夹方式	加工内容	加 工 步 骤	备 注
4	三爪卡盘		打两个样冲眼	在直线与 ϕ34 mm 圆线的交点上打两个样冲眼	
			钻引孔扩孔铰孔	上钻床先用 ϕ5.2 mm 钻头，钻出两个引孔，再用 ϕ7.8 mm 钻头钻扩孔，之后用 ϕ8 mm 铰刀铰孔	加工完成测量中心 ϕ8 mm 孔与其他两个 ϕ8 mm 孔的孔距，在比较准确孔上画上标记
			钻孔	用 ϕ8 mm 圆柱销插入两个孔中，然后把定位中心圆孔对准大圆偏心圆柱销，另一孔对准大圆中心销，套在两销上按照定位板上 M4 螺钉孔位置钻孔	
			攻内螺纹	攻 M4 内螺纹	用 M4 沉头螺丝把定位板固定在圆盘上后，把 ϕ34 mm 圆上的偏心孔中的销子拿掉
			钻孔	在圆盘适当位置上钻孔，压板螺栓孔攻丝	把大圆盘重新对准卡盘记号标记，装夹在三爪卡盘上，再把工件上的任意一条 120° 分度线对准圆盘上的中心直线
5	压板		加工各偏心孔	用压板把工件压紧在大圆盘上，开动车床，加工各偏心孔	工件如果向顺时针方向换位转动 120°，加工次序如下： (1) ϕ5.2 mm 孔车圆弧端面； (2) ϕ16 mm 的 1：10 圆锥孔； (3) M16 × 1.5 螺纹孔
			检查		依次加工好后，清洗，车加工完毕

5. 任务要点

(1) 车削偏心圆孔时，要在大圆盘上加装平衡块，如图 4-2 所示。

(2) 通过大圆盘与压板结合的加工方法准确可靠，比手工钻床加工精度高，更适合批量加工类似工件。

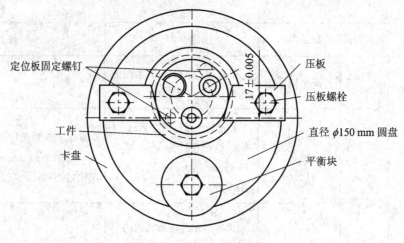

图 4-2　平衡块的加装方法

◈ 【任务实施】

　　多孔零件大多是箱体零件，其他类型的零件中，包含多孔零件的一般较少。多孔零件是基础件之一，其加工质量对整部机器的精度、性能和使用寿命都有直接的影响。多孔零件有大有小，有形体结构很复杂的，也有比较简单的。

一、车床加工多孔零件的结构特点

　　(1) 多孔零件的结构形状比较复杂，形体尺寸较小，箱壁较薄且不均匀。
　　(2) 多孔零件的加工部位较多。在箱壁上既有一些精度较高的轴承支承孔需要加工，还有一些精度要求较高的安装基准面需要加工。这些基准面有的可以在车床上完成，有的需要在其他机床上完成。

二、多孔零件的主要技术要求

　　(1) 支承孔的孔径尺寸精度、圆度、圆柱度及表面粗糙度要求。
　　(2) 孔距尺寸精度、平行度及同轴线孔的同轴度要求。
　　(3) 平面特别是定位基准面和装配基准面的平面度和表面粗糙度要求。
　　(4) 孔轴线与端面的垂直度要求。
　　(5) 孔轴线与基准面的垂直度、平面度要求。

三、多孔零件的工艺特点

1. 先面后孔的加工顺序

　　在车床上加工多孔零件主要是加工精度要求较高的孔。在此以前，首先应对毛坯进行平面加工，定出基准平面，这样有利于在车床上加工定位，还可以防止钻头引偏及扩孔时刀具崩刃，对刀具调整也较方便。基准平面的加工，可以在车床上进行，但大多在刨床或铣床上进行。工件在加工前，一般先进行画线。

2. 成批零件加工粗精加工应分开进行

粗精加工分开进行可以消除由粗加工带来的内应力、切削力、夹紧力和切削热变形对零件加工精度的影响，有利于保证加工质量和提高劳动生产率。

单件小批量生产往往将粗、精加工合并进行，这样既可减少设备和夹具的数量，也可减少工件的装夹次数，但在加工时应采取以下措施来保证加工精度。

(1) 粗加工后应松开工件，使工件弹性变形得以恢复，内应力相应减少，然后以较小的夹紧力将工件夹紧，再进行精加工。

(2) 应减少切削用量，增加走刀次数，以减少切削力和切削热的影响。

(3) 应充分冷却后再进行精加工。

3. 必须合理安排热处理工序

一般情况下铸造毛坯在机械加工前应进行一次人工时效，以消除铸件的内应力。对于重要零件，在粗加工后还需要进行第二次人工时效，以进一步提高工件加工精度的稳定性。

4. 定位基准的选择

在车床上加工多孔零件时根据基准的选择原则，应合理地对工件定位。对于交错孔的车削，一般情况下，多以一个平面(前道工序已加工好)为基准，先加工出一个孔，再以这个孔和其端面为基准，或者以孔和原来的基准平面为基准，加工其他交错孔。为保证零件的加工质量，有时还需要以已加工的孔为基准，对平面进行刮研，以提高定位精度。

5. 合理装夹

在车床上进行多孔零件的加工时，装夹方法及夹紧力部位的选择相当重要，它们是保证工件加工精度的重要因素。

加工交错孔零件时，一般情况下，必须有简单的夹具，比如使用花盘角铁安装，否则很难保证加工精度。如果是成批量生产，就必须设计制造一套保证加工质量的车床夹具。无论是简单夹具还是复杂夹具，都必须考虑合理选择夹紧力的着力点。在选择夹紧力部位时，应考虑以下原则：

(1) 夹紧力方向尽量与基准平面垂直。

(2) 夹紧力作用点尽量靠近工件加工部位，这样可使夹紧力与切削力之间产生的扭矩尽量减小，如无法靠近，可采用辅助支承。

(3) 夹紧力大时作用点应在实处，切忌作用点压在箱体薄壁处，以防工件变形和不稳定，否则有可能将工件夹裂而无法加工，造成废品。

另外，装夹工件时，还要考虑加工时的偏重和平衡、花盘平面的校正、角铁的垂直度校正等，以避免加工中发生事故和质量缺陷。

(4) 对于排屑，应根据不同情况进行分析解决。

① 加工通孔时，要求切削流向待加工表面。这就要求镗刀主刀刃磨出 $\lambda = 5° \sim 7°$ 的刃倾角，并磨出断屑槽或圆弧卷屑槽，使切屑向前排出，而不划伤已加工表面。图 4-3 所示是一个高速钢通孔精镗刀，该结构采用横槽、大前角，其特点是切削容易，不易让刀，过渡刃处的刃倾角为 6°，切屑可以稳定地导向待加工表面，副偏角小。

② 加工不通孔时，切屑只能向后排出，因此刃倾角可磨成 0° ~2°，并磨出卷屑槽，

使切屑呈螺卷状向后排出。

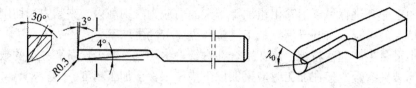

图 4-3　高速钢精镗刀的结构

精镗时刀尖应略高于工件中心。另外，在精镗时可采用套式精铰刀来完成孔的精加工。

(5) 合理选择切削用量是保证加工质量的重要条件之一。在选择切削用量时，必须考虑工件材料、刀具材料、加工孔径大小、刀杆伸出的长度等因素。

一般在精镗时，加工余量很小，切削速度和进给速度的选择如下所示。

加工钢料进给量 $f = 0.08 \sim 0.2$ mm/r。

切削速度 $v = 15 \sim 30$ m/min。

加工铸件进给量 $f = 0.1 \sim 0.2$ mm/r。

切削速度 $v = 12 \sim 25$ m/min。

四、多孔零件的检验

1. 表面粗糙度及外观检查

各加工表面的表面粗糙度的检查，一般采用与标准样块进行对比来确定或通过目测来评定。外观检查是根据工艺规程检查完工情况和加工表面有无缺陷等。

2. 孔、平面的尺寸精度及几何形状精度检验

孔的直径精度在批量生产中多用塞规检验。对于需要记录具体误差的孔或直径较大的孔径，可用内径千分尺及内径千分表等量具检验。

3. 孔距尺寸精度及相互位置精度检验

(1) 同轴度的检验。一般常用的检验方法是利用检验心棒，如能自由通过同轴线的各孔，则表明孔的同轴度符合技术要求。如图 4-4(a)所示，当精度要求较低时，可在通用的检验棒上配置检验套进行检验。

如图 4-4(b)所示，当要测定孔的同轴度具体偏差效应时，可利用检验心棒和百分表进行检验。

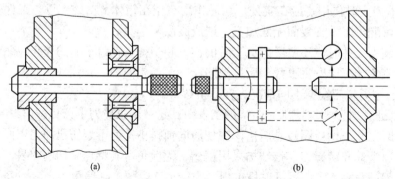

(a)   (b)

图 4-4　利用通心棒检验

(2) 孔心距的检验。当孔距的精度要求不高时，可直接用游标卡尺检验；当孔距精度要求较高时，可按图 4-5 所示用心轴和厚薄规进行检验。

在图 4-5 中，孔心距：

$$A = l_2 - \left(\frac{d_1}{2} + \frac{d_2}{2}\right) = l_1 + \frac{d_1}{2} + \frac{d_2}{2}$$

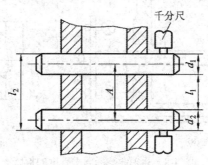

图 4-5　孔心距的检验

(3) 孔轴线与基面的距离及平行度的检验。孔轴线与基面的距离及平行度的检验如图 4-6 所示。将被测零件基面放置在平板的等高台上，并在孔中插入检验心棒，分别测量心棒两端的尺寸 l_1 和 l_2，便可确定孔轴到基面的距离及其平行度。当精度要求较高时，可采用百分表或千分表测量。

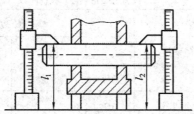

图 4-6　孔轴线与基面的距离及平行度的检验

(4) 两孔轴线垂直度的检验。图 4-7 所示是对两孔轴线垂直度通常采用的两种检验方法。图 4-7(a)的方法是：先用直角尺校正基准心棒 2，使其与台面垂直，然后用百分表测量心棒 1 两处，其差值即为测量长度内两孔轴线的垂直度误差。图 4-7(b)的方法是：在基准心棒 2 上装一百分表，表的测头顶在心棒 1 的表面，然后旋转 180°，即可测定两孔轴线在长度上的垂直度误差。

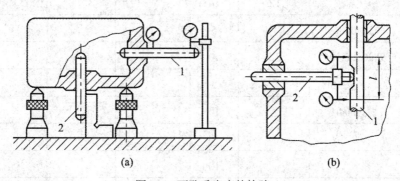

(a)　　　　　　　　　　　　　(b)

图 4-7　两孔垂直度的检验

(5) 孔轴线与端面垂直度的检验。图 4-8(a)是在心棒上装一百分表，将心棒旋转一周，即可测出在直径 D 范围内孔与端面的垂直度误差；图 4-8(b)是将带有检验圆盘的心棒插入孔内，用着色法检验圆盘与端面的接触情况，或者用厚薄规检查圆盘与端面的间隙，即可确定孔轴线与端面的垂直度误差。

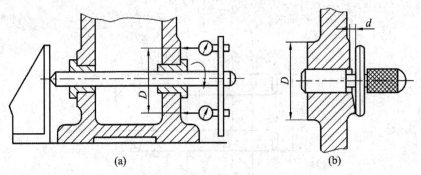

图 4-8　孔轴线与端面垂直度的检验

◈ 【任务评价】

三孔定位盘评分表(中级工)如表 4-2 所示。

表 4-2　三孔定位盘评分表(中级工)

项目	考 核 要 求		配分	实 测 数 据		扣分	得分
	精度	粗糙度 Ra		精度	粗糙度 Ra		
直径	$\phi60_{-0.019}^{0}$	1.6	10				
	$\phi5.2_{0}^{+0.048}$	1.6	10				
	$\phi68_{0}^{+0.03}$	1.6	10				
	$\phi80_{-0.03}^{0}$	1.6	10				
长度	$18_{0}^{+0.18}$		10				
	25 ± 0.025		5				
	$10_{-0.058}^{0}$	1.6	10				
	3 ± 0.05		5				
其他	$SR20\pm0.105$	3.2	10				
	$M16\times1.5\text{-}6H$		3				
形位公差	$\perp\phi0.04A$		10				
	$/\!/0.025B$		10				
安全文明			10				
考核时间	**180 min**	总分	100			总得分	

任务 2　车削滚轮

◆【任务导入】

图 4-9 所示为机械中常用的滚轮零件，通过本任务的学习和实践练习，掌握滚轮类零件的装夹和加工方法。

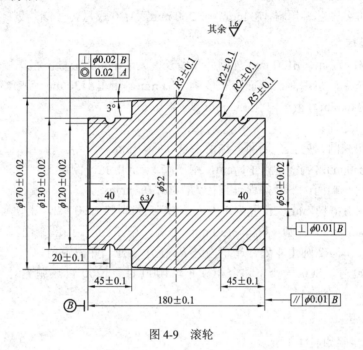

图 4-9　滚轮

◆【任务分析】

1. 读图

该工件为套类零件，材料为铬钨锰钢，长度为(180 ± 0.1) mm，最大处圆的直径是 ϕ(170 ± 0.02) mm，其位置在零件的正中间，两端外径是 ϕ(130 ± 0.02) mm，长度为 45 mm，对称分布，零件内有 ϕ50 mm 通孔，孔的中间有宽的浅沟槽直径为 ϕ52 mm。该工件有 2 处行位基准 A、B，有 4 处形位公差，B 基准是工件左端面，A 基准是 ϕ50 mm 内圆轴线，形位公差分别如下：

(1) ϕ50 mm 内圆轴线相对于 B 面垂直公差为 0.01 mm；

(2) 右端面相对 B 基准面平行度公差为 0.01 mm；

(3) ϕ170 mm、ϕ130 mm、ϕ120 mm 外圆轴线相对 A 基准同轴度公差为 0.02 mm，相对 B 基准垂直度公差为 0.01 mm。该工件的内孔宽槽粗糙度 Ra = 1.6 μm，其余面的粗糙度要求较高，需要进行磨光加工。

2. 工艺准备

(1) 毛坯材料：直径为 $\phi180$ mm 铬钨锰钢，长度为 200 mm 的 45# 圆钢。

(2) 设备工具：CA6140 普通车床，活顶尖，A5 中心钻，钻夹头，$\phi45$ mm 钻头，$\phi15$ mm 钻头。

(3) 刀具准备：45°外圆车刀，90°外圆车刀，YT15 硬质合金车刀，$R5$ 圆弧车刀，$R2$ 内外圆角车道，内孔车槽刀，倒角车刀，内孔通孔车刀，内孔精车刀。

(4) 量具准备：300 mm 游标卡尺，50～75 mm 千分尺，125～150 mm 千分尺，150～175 mm 千分尺，50 mm 内径表。

(5) 辅助准备：芯轴用料 $\phi70$ mm，长 260 mm，$M30$ 螺母，垫圈，划针盘。

3. 工艺过程

(1) 粗车 $\phi170$ mm，$\phi130$ mm 外圆并预留长度为 4 mm 的余量，粗车端面。

(2) 掉头装夹后车端面，端面总长度为 183 mm，粗车 $\phi130$ mm 到 $\phi135$ mm，长度为 40 mm，钻孔 $\phi40$ mm，粗车内孔 $\phi52$ mm 到 $\phi48$ mm。

(3) 调质热处理。

(4) 半精车外圆、内孔、端面，预留余量 0.8～1 mm。

(5) 精车 $\phi50$ mm 内孔及端面 1 mm，精车 $\phi52$ mm 内孔，倒角 $1.5 \times 45°$。

(6) 磨平另一端面，平磨，保证直径为 (180 ± 0.1) mm。

(7) 车芯轴 $\phi50_{0}^{-0.01}$ mm，长度为 176 mm，车三角螺纹 $M30 \times 2$，工件套上芯轴。

(8) 精车 $\phi170$ mm 外圆，精车 $\phi130$ mm 外圆，车 3°正反两圆锥面，车 $\phi100$ mm、$R5$ 外圆弧槽 2 处，车 $R2$ 圆角 4 处，精车内外 $R1$ 圆角 4 处，并去锐角。

(9) 用 500 号、800 号砂布和金相砂布，1000 目、1200 目热抛光对工件进行修整，保证粗糙度 $Ra = 1.6$ μm。

4. 工序步骤

滚轮工序步骤如表 4-3 所示。

表 4-3　滚轮工序步骤

序号	设备	装夹方式	加工内容	加 工 步 骤	备　注
1	CA6140 普通 车床	三爪卡盘	装夹	用三爪卡盘的反爪装夹工件的毛坯外圆	找正后夹紧
			钻中心孔	用 A5 中心钻钻中心孔	
		一夹一顶	车端面	用活顶尖支承工件。用 45°端面车刀粗车工件的毛坯端面	车平
			粗车外圆	用 90°外圆车刀粗车工件的 $\phi170$ mm 毛坯外圆	直径到 $\phi175$ mm，长度到距卡爪端 5 mm 处
				用 90°外圆车刀粗车工件的 $\phi130$ mm 毛坯外圆	直径到 $\phi135$ mm，长度到 40 mm

序号	设备	装夹方式	加工内容	加 工 步 骤	备　注
2	CA6140 普通车床	三爪卡盘	掉头装夹	用三爪卡盘正爪装夹ϕ135 mm 外圆	
			找正	用划针盘找正ϕ175 mm 外圆	
			调整	调整车床转速	转速 $n = 200$ r/min
			钻孔	用 A5 中心钻钻中心孔	
		一夹一顶	装夹	用活顶尖支承工件	
			粗车端面	用 45° 端面车刀粗车工件的毛坯端面	保证总长度为 183 mm
			粗车外圆	用 90° 外圆车刀粗车工件的ϕ130 mm 毛坯外圆	直径到ϕ135 mm，长度到 40 mm，撤去顶尖
		三爪卡盘	钻孔	用ϕ16 mm 钻头钻通孔	直径到ϕ48 mm
			扩孔	用ϕ40 mm 钻头扩孔	
			车ϕ52 mm	用内孔车刀粗车ϕ52 mm 内孔	
		三爪卡盘	检查	用内孔车刀半精车ϕ52 mm 内孔	直径到ϕ51 mm，长度到 90 mm
				检查工件的加工尺寸	合格，卸下工件
3	热处理		调质	HRC28-30	
4	CA6140 普通车床	三爪卡盘	装夹	用三爪卡盘的正爪装夹ϕ135 mm 外圆	
		一夹一顶	加顶尖	用大头顶尖顶住工件	
		三爪卡盘	调整	调整车床转速	转速 $n = 160$ r/min
			半精车外圆和端面	用 90° 外圆车刀半精车ϕ170 mm 外圆	直径到ϕ171 mm
				用 90° 外圆车刀半精车ϕ130 mm 外圆	直径到ϕ131 mm
				用 45° 端面车刀半精车工件端面	保证总长为 181.5 mm，撤回顶尖
			倒角	用三爪卡盘装夹，用内孔倒角车刀车削内孔倒角	2.5 × 45°

续表二

序号	设备	装夹方式	加工内容	加工步骤	备注
5	CA6140 普通车床	三爪卡盘	装夹	用三爪卡盘正爪掉头装夹 ϕ131 mm 外圆	靠平
		一夹一顶	加顶尖	用大头顶尖支承工件	
			半精车外圆	用 90°外圆车刀半精车 ϕ130 mm 外圆	直径到 ϕ131 mm
				车削工件另一端 ϕ130 mm 的外圆	
			调整	调整车床转速	转速 n = 200 r/min
			撤顶尖,车 ϕ50 mm 内孔	用内孔车刀粗车 ϕ50 mm 内孔	直径到 ϕ49 mm
				调整车床转速	转速 n = 400 r/min
				用内孔车刀半精车 ϕ50 mm 内孔	走刀量为 0.05 mm,直径到 ϕ49.5 mm
				用内孔车刀,精车 ϕ50 mm 内孔	直径到 $\phi(50 \pm 0.02)$mm,粗糙度 Ra = 1.6 μm
			车端面	用 90°外圆车刀分两次走刀精车端面	保证总长度为 180.3 mm,粗糙度 Ra = 1.6 μm
			倒角	用倒角车刀车内孔倒角	1.5 × 45°
			精车	用内孔车刀精车 ϕ52 mm 内孔	直径到尺寸 ϕ52 mm,长度到 100 mm
6	CA6140	三爪卡盘	装夹	用三爪卡盘装夹芯轴用料	车芯轴
			调整	调整车床转速	转速 n = 320 r/min
			钻孔	用 A5 中心钻钻中心孔	
		一夹一顶	加顶尖	用活顶尖支承光轴	
			调整	调整车床转速	转速 n = 700 r/min
			粗车	用 90°外圆车刀车芯轴的卡头台阶圆	直径到 ϕ60 mm,长度到 30 mm
7	CA6140	三爪卡盘	掉头装夹	用三爪卡盘掉头装夹芯轴外圆 ϕ60 mm 处	靠平台阶面
			调整	调整车床转速	转速 n = 320 r/min
			钻孔	用 A5 中心钻钻中心孔	
		一夹一顶	加顶尖	用活顶尖支承工件	
			调整	调整车床转速	转速 n = 710 r/min
			粗车	用 90°外圆车刀车削芯轴	直径到 ϕ51.5 mm,长度到 210 mm
			调整	调整车床转速	转速 n = 320 r/min
			车螺纹	用三角螺纹车刀车螺纹	公称直径为 M30,长度为 35 mm
		一夹一顶	精车	用 90°外圆车刀精车芯轴	直径到 $\phi50_0^{-0.02}$ mm

序号	设备	装夹方式	加工内容	加 工 步 骤	备 注
8	CA6140	一夹一顶		芯轴不拆卸，把工件端面 2 朝向芯轴，套装在芯轴上。加垫圈并用手拧紧螺母	注意：套装时应抹少量机油，防止工件与芯轴粘连
			加顶尖	用顶尖支承芯轴	用扳手把螺母拧紧
			调整	调整车床转速	转速 $n = 250$ r/min
			半精车	用 YT15 硬质合金车刀半精车 $\phi130$ mm 外圆	走刀量为 0.05 mm，直径到 $\phi130.5$ mm，长度到 43 mm
			精车	用 YT15 硬质合金车刀半精车 $\phi130$ mm 外圆	直径到 $\phi(130 \pm 0.02)$mm，长度到 43 mm
				用 YT15 硬质合金车刀精车 $\phi170$ mm 外圆	直径到 $\phi(170 \pm 0.02)$mm
				用 YT15 硬质合金车刀精车 45 mm 长台阶面	
			调整	调整车床转速	转速 $n = 80$ r/min
			精车沟槽	用 $R3$ 圆头车刀精车 $R5$ 圆角沟槽	保证沟槽中心位置定位尺寸为 (20 ± 0.1)mm，槽宽为 (10 ± 0.1)mm，槽底直径为 $\phi(120 \pm 0.02)$ mm
			车圆锥面	用外圆精车刀车削圆锥面	小拖板逆时针转动 3°，精车圆锥表面，大端位置控制在距离台阶端面 44 mm 处。最后一次进刀量控制在 0.5 mm 深度为宜
				卸下工件	先用扳手松开螺母，退回顶尖，用手拧下螺母
			加顶尖	把工件端面 1 对准芯轴并套装在芯轴上，先用手拧上螺母，再把顶尖顶好，用扳手把螺母拧牢，紧固好工件	按照车削前一端面的方法来加工各对应结构处的尺寸
				调整车床转速	转速 $n = 100$ r/min

序号	设备	装夹方式	加工内容	加 工 步 骤	备　注
8	CA6140	一夹一顶	精车	用 R2 内圆弧车刀精车圆锥面小端处的 R2 外圆角	手动进给两处粗糙度 Ra = 1.6 μm
				用 R2 内圆弧车刀精车 45 mm 长的根部	R2 内圆角手动进给
				用 R1 双面内圆弧车刀车 R5 外圆弧槽两侧圆角	左右各两处
				用 R1 双面内圆弧车刀把 $\phi130$ mm 外圆两头锐角倒钝	
				用 R3 内圆弧车刀精车 $\phi170$ mm 外圆的圆弧	
				用 500～800 目细砂布把工件转角处进行抛光修整	抛光时最好把砂布缠绕在木板上使用,这样砂布对工件接触、受力均匀,抛光效果好
			检查	检查工件的各部分的加工尺寸	合格后卸下工件

5. 任务总结

(1) 车削外沟槽时,要按粗车、精车分别进行,精车时要用深度尺对刀,确定刀头位置,精车时刀身精度要达到表面粗糙度 Ra = 1.6 μm。

(2) 用芯轴装夹工件时,一定要注意安装锁紧螺母的顺序。安装工件时,必须要在顶紧顶尖后,再用扳手紧固螺母。卸下工件时,必须先用扳手松开螺母后,再退回顶尖,这样做的目的是防止芯轴在没有顶尖支承时,扳手用力,会使芯轴变位,影响芯轴的使用精度。

(3) 用砂布抛光修整时,不可用手直接按住砂布进行,这样用力不匀,且容易烫伤手,要把砂布或砂纸包在木方上抛光修整。

◇ 【任务实施】

一、尺寸的精度检验

1. 孔径尺寸检验

当孔径尺寸要求较低时,可采用钢尺或游标卡尺来测量。当要求较高时,可用以下集中方法测量。

(1) 用塞规。塞规由过端 1、止端 2 和柄 3 组成,如图 4-10(a)所示,过端的尺寸等于工件的最小极限尺寸，止端的尺寸等于工件的最大极限尺寸。为使两种尺寸有所区别，止端长度比过端短。图 4-10(b)所示为用塞规检验孔径的情形。当过端能进入孔内，而止端不能进入孔内，说明工件的孔径合格。

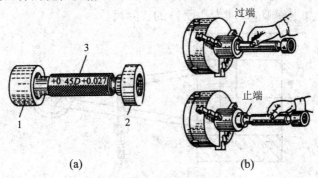

图 4-10　塞规及检验孔的情形

测量盲孔用的塞规，为了排出孔内空气，在外圆上开有排气槽。

(2) 用内径千分尺。在使用内径千分尺测量孔径时，内径千分尺应在孔内摆动。轴向摆动以最小尺寸为准，圆周摆动以最大尺寸为准。这两个重合的尺寸，就是孔的实际尺寸，如图 4-11 所示。

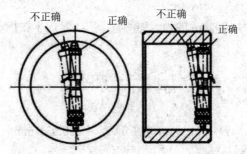

图 4-11　内径千分尺测量孔径时的摆动方法

(3) 用内卡钳。使用上面的几种量具，很能方便和精确地测量孔径。当工件孔径很大或尺寸特殊，没有适用的塞规，以及碰到孔径大而浅的盲孔或台阶孔时，如图 4-12 所示，一般无法应用上面的几种量具。在这些情况下，可用内卡钳和外径千分尺配合的方法进行测量。

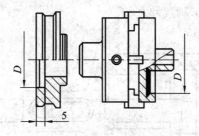

图 4-12　应用内卡钳测量的工件

如图 4-13 所示，用内卡钳测量内孔时，首先用外径千分尺把内卡钳的张开尺寸调整到孔的最小极限尺寸 d。当外径千分尺为 $d + 0.01$ mm 时，内卡钳的两脚碰不到外径千分尺的测量面；当外径千分尺为 $d - 0.01$ mm 时，内卡钳的两脚伸到外径千分尺的测量面之间就感到过紧，这说明内卡的张开尺寸恰好为 d，把张开尺寸为 d 的内卡钳伸到孔中，一只卡脚固定不动，另一只卡脚左右摆动，同时估计摆距 s，然后利用公式 $e=\dfrac{s^2}{8d}$ 算出间隙，把内卡钳的张开尺寸 d 加上间隙 e，即为孔径 D 的实际尺寸。

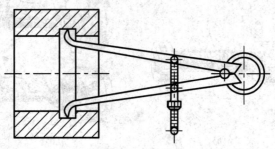

图 4-13　用弹簧内卡钳测量内沟槽直径

【例 4-1】　设工件孔径为 $\phi50_{0}^{+0.039}$ mm，试求内卡钳张开尺寸(开度)和最大摆动距。

解　内卡钳张开尺寸 $d=50$ mm，最大允许间隙量 $e=0.039$ mm，最大摆动距 $s=\sqrt{8de}=\sqrt{80\times50\times0.039}\approx4$ mm。如果用 50 mm 开度的内卡钳，则当孔中的摆动距小于 4 mm 时，所加工内孔是正确的。

【例 4-2】　用开度为 100 mm 的内卡钳测量一孔，其内卡钳摆动距为 5 mm，求孔的实际尺寸。

解
$$e=\frac{s^2}{8d}=\frac{5^2}{8\times100}=0.031\,\text{mm}$$

孔的实际尺寸：
$$D=d+e=100+0.031=100.031\ \text{mm}$$

2．内沟槽直径和宽度检验

内沟槽直径一般是在车削时用中拖板刻度盘来控制的。车好以后，可用如图 4-13 所示的方法测量。先用弹簧内卡钳测出沟槽直径，再用游标卡尺或千分尺测出弹簧内卡钳张开的距离。这个尺寸，就是内沟槽的直径。

图 4-14 所示为采用特制的弯脚游标卡尺测量内沟槽直径。这时要注意，内沟槽的直径应等于游标卡尺的指示值和卡脚尺寸之和。

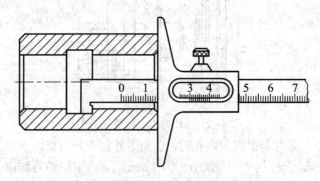

图 4-14　用钩形深度游标卡尺测量内沟槽直径

内台阶的深度可用钢尺或游标卡尺测量,也经常采用深度游标卡尺或深度千分尺测量。内沟槽的宽度可用钢尺、游标卡尺或样板测量。内沟槽的轴向位置,可采用钩形深度游标卡尺来测量。

二、几何形状的精度检验

内孔的圆度是否符合要求,一般可用量具在孔的圆周上各个方向上去测量。测量三四次以后,把各次测量的结果进行比较,就可以确定孔的不圆度是否符合要求。

内孔的锥度是否符合要求,可用量具沿孔的轴线方向测出几点,看前后读数是否相等。对要求较高的深孔,检验内孔的锥度一般应用内径千分表。内径千分表与外径千分尺或标准套规配合可用来测量孔径的尺寸,同时可方便而准确地测量孔的锥度、不圆度等误差。

用内径千分表测量孔径,最好先用游标卡尺粗测孔径尺寸,然后再用内径千分表测量,这样可防止读错尺寸。

在使用内径千分表时,必须注意表上的刻度盘不能转动,如果有了转动,就必须重新校正零位,否则,不能测得准确尺寸。在测量时,为了测得准确尺寸,必须摆动内径千分表,如图 4-15 所示,所得的最小尺寸就是孔的实际尺寸。

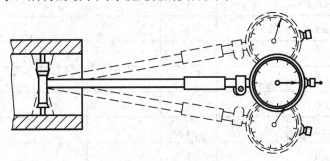

图 4-15　内径千分表测量孔径

三、相互位置的精度检验

1. 内外圆不同轴度检验方法

检验工件内外圆的不同轴度,在排除内外圆本身的形状误差时,可用内外圆的径向跳动量的一半来评定。以内孔为基准时,可把工件装在两顶针间的芯轴上,用千分表检验。千分表在工件转一周中的读数,就是工件的径向跳动。以外圆为基准时,可把工件放在 V 形铁上,用杠杆式千分表检验。这种方法可以测量不能安装在芯轴上的工件。

2. 端面跳动的检验方法

检验有孔工件的端面跳动,先把工件安装在精度很高的芯轴上,利用芯轴上极小的锥度使工件轴向定位,转动芯轴,测得千分表的读数差,就是断面的跳动误差。

3. 端面对轴心线不垂直的检验方法

端面跳动和不垂直的概念是不一样的。端面跳动是给定圆周上被测端面各点与垂直于基准轴心线的平面间最大、最小距离的差。

◈ 【任务评价】

滚轮评分表(高级工)如表 4-4 所示。

表 4-4 滚轮评分表(高级工)

项目	考核要求		配分	实测数据		扣分	得分
	精度	粗糙度 Ra		精度	粗糙度 Ra		
直径	$\phi170 \pm 0.02$		10				
	$\phi130 \pm 0.02$		10				
	$\phi120 \pm 0.02$		10				
	$\phi50 \pm 0.02$		10				
	$\phi52$	6.3	10				
长度	40(两处)		2				
	45 ± 0.1		1				
	45 ± 0.1		1				
	180 ± 0.1		1				
	20 ± 0.1		1				
其他	$R3 \pm 0.1$		1				
	$R2 \pm 0.1$		1				
	$R2 \pm 0.1$		1				
	$R5 \pm 0.1$		1				
形位公差	◎$0.02A$		10				
	$\perp \phi0.01B$		10				
	//$\phi0.01B$		10				
安全文明			10				
考核时间	180 min	总分	100			总得分	

项目五　综合零件车削工艺

 学习目标

(1) 熟练掌握轴承座的车削工艺。

(2) 熟练掌握活塞模型的车削工艺。

任务 1　车削轴承座

◇ 【任务导入】

图 5-1 所示是轴承座零件图，它是一种支撑零件。本任务要求通过在规定的时间内车削轴承座，熟练掌握中级工类型的车削技巧，达到中级工水平。

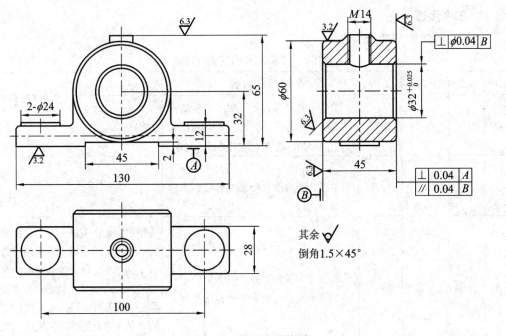

图 5-1　轴承座零件图

◆ 【任务分析】

1. 读图

该工件材料为灰口铸铁，最大旋转直径为 150 mm，轴承内圆长度为 45 mm，底座宽度为 28 mm，底座两端最大外轮廓长度为 130 mm，车加工部位有 ϕ32 mm 内径，内、外倒角及两边的端面。车加工前要先设计好轴承座两边的加工余量，工件有两处行为公差基准，一是底座平面，另一是工件端面。形位公差有两处三项，粗糙度最小为 3.2 μm，最粗为毛面。

2. 工艺准备

(1) 材料准备：灰口铸铁的铸造毛坯。

(2) 设备准备：C620-1 普通车床。

(3) 工具准备：ϕ29 mm 钻头，ϕ10 mm 钻头，方箱，高度卡尺，画线盘，活顶尖。

(4) 刃具准备：YG8 45° 硬质合金车刀，内孔车刀，内孔切槽刀，内控倒角刀。

(5) 量具准备：150 mm 卡尺，25～50 mm 千分尺，18～35 mm 内径量表，钢板尺。

(6) 辅助准备：芯轴用料，ϕ30 mm 辅助测量棒。

3. 工艺过程

(1) 检测毛坯件，画线。

(2) 用铣床加工工件的底座平面。

(3) 装卡工件，找正，车端面，钻孔，粗车，精车内孔，精车端面，倒角，加工端面，倒角，车削内端面。

(4) 调头装车，找正，倒角，检查工件，加工完成。

4. 工序步骤

轴承座的工序步骤如表 5-1 所示。

表 5-1　轴承座的工序步骤

工序	设备	装卡方式	加工内容	加 工 步 骤	备 注
1			检查	检查工件各部尺寸、加工余量是否满足要求，及是否有砂眼、气泡等影响加工的缺陷，检查毛坯工件是否对称	
2			画线	以工件轴空中心为基准，画出端面十字线、两端面长度加工界线、工件对称中心线	
3	C620	三爪卡盘	装卡	用三爪卡盘当花盘，装卡工件，卸掉一只卡爪，另两只当平衡配重用	用紧固螺栓 $M18 \times 70$ 把定位板紧固在于卡盘爪滑道垂直方向的定位板上的平面位置，使其距离卡盘中心 32 mm，等于工件的中心到底平面的高度尺寸。该尺寸可用深度卡尺，从卡盘外圆到定位板的上平面垂直测量，把紧固螺母用力拧紧

工序	设备	装卡方式	加工内容	加 工 步 骤	备　　注
3	C620	三爪卡盘	画线	在定位板上画一条找正对位中线	
			找正	把工件放在定位板上,底座板靠近卡盘平面,把十字竖线对准定位板中线,用压板压住工件,用手转动卡盘,用划针找正左右外轮廓边缘	
			测量	用钢板尺测量工件轴套外圆周上左右两面中线到卡盘平面的距离	如果左右两面中线到卡盘平面的距离相等,说明工件位置正确,用力拧紧压板螺母,开车试转,调整两只卡爪的位置,找好动平衡
4	C620	三爪卡盘	开车		转速 $n = 380$ r/min
			粗车	用 YG8 45° 硬质合金车刀粗车平面	
			钻孔	用 $\phi 10$ mm 钻头钻通孔	
			扩孔	用 $\phi 29$ mm 钻头扩孔	尾座用力要小些
			粗车	用内孔车刀粗车内孔	到 $\phi 31.5$ mm
			调整转速		转速 $n = 75$ r/min
			半精车	用内孔车刀精车内孔	到 $\phi 31.75$ mm
			精车	用内孔车刀精车内孔用 GY8 45° 硬质合金车刀精车平面	到 $\phi 32^{+0.015}_{0}$ mm,到端线
			测量	测量长度中线到端面的尺寸	22.5 mm 为合格
			倒角	用倒角刀做内外倒角	$1.5 \times 45°$
			车端面	用内孔切槽刀从工件端面对刀,向左移动 46 mm 从内向外车端面	进刀要慢,转速为 $n = 70 \sim 100$ r/min,进刀量为 0.08 mm
			精车端面	用内孔切槽切刀从工件端面重新对刀,向左移动 45 mm 从内向外精车端面	
5	C620	三爪卡盘	装卡	调头重新装卡工件,把端面找平	转速 $n = 100$ r/min
			倒角	用 GY8 45° 硬质合金车刀车制内外倒角	$1.5 \times 45°$
			检查	检查各部尺寸	合格,卸下工件

5. 加工要点

(1) 在加工过程中,要保证定位板接触卡盘的平面与工件的接触平面两者之间的垂直度误差小于工件的公差。

(2) 工件的轴向长度中心线与卡盘平面的平行度可用钢板尺或画针找正。

◈ 【任务实施】

(1) 准备刀具、量具等。
(2) 领取轴承座毛坯铸造件，仔细观察并计算轴承座的加工余量。
(3) 在钳工台上画线。
(4) 在铣床上加工轴承座底部。
(5) 在车床上加工工件。
(6) 检测测量工件。

◈ 【任务评价】

轴承座评价表(中级工)如表 5-2 所示。

表 5-2　轴承座评价表(中级工)

项目	考核要求		配分	实测数据		扣分	得分
	精度	粗糙度 Ra		精度	粗糙度 Ra		
直径	$\phi32^{+0.025}_{0}$		10				
	$\phi60$		10				
	$\phi24$(2 处)		10				
长度	12		2				
	45		2				
	130		2				
	100		2				
	32		2				
	65		2				
	45		2				
其他	底部	3.2	4				
	粗糙度	3.2	4				
	粗糙度	6.3	4				
	螺纹 M14		4				
形位公差	//0.04B		10				
	⊥ϕ0.04B		10				
	⊥0.04A		10				
安全文明			10				
考核时间(180 min)	总分		100			总得分	

任务 2　车削活塞模型

◈ 【任务导入】

图 5-2 所示是活塞模型零件图。活塞是一种支撑零件。本任务要求通过在规定的时间内车削活塞模型，熟练掌握高级工类型的车削技巧，达到高级工水平。

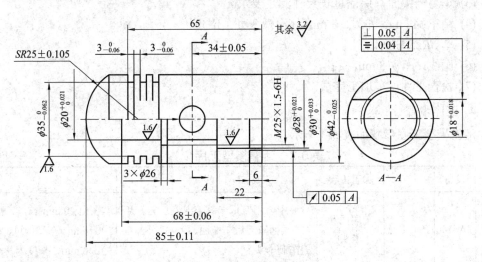

图 5-2　活塞模型零件图

◈ 【任务分析】

1. 读图

该工件长 85 mm，最大外径为 42 mm，外部有三处沟槽，一端有球面，内部有 ϕ20 mm 孔、$M25 \times 1.5$ 内螺纹、ϕ28 mm 内孔，ϕ30 mm 内孔有内沟槽，外部圆柱有一横孔 ϕ18 mm，有 6 处粗糙度 $Ra = 1.6$ μm，其余粗糙度 $Ra = 3.2$ μm，有一处形位公差基准是 ϕ42 mm 轴线，ϕ18 mm 槽孔轴线相对于 A 基准的垂直度公差为 0.05 mm，对称度公差为 0.04 mm，ϕ30 mm 内孔相对于 A 基准的圆跳动公差为 0.05 mm。

2. 工艺准备

(1) 材料准备：ϕ45 圆钢，95 mm 长锯料。

(2) 设备准备：CA6140 普通车床，三爪卡盘。

(3) 工具准备：ϕ18 mm 钻头，ϕ15 mm 钻头，3、4、5 号钻套活顶尖，A4 中心孔，钻夹头。

(4) 刀具准备：45° 端面车刀，95° 外圆车刀，切断刀，圆弧车刀，盲孔车刀，内螺纹车刀，高速钢内孔精车刀，高速钢内孔粗车刀，内沟槽车刀，外沟槽车刀。

(5) 量具准备：带表 150 mm 卡尺，0～25 mm 千分尺，25～50 mm 千分尺，内径百分

表 18～35 mm，深度尺半径规，螺纹塞规，百分表磁性座，高度卡尺。

(6) 辅具准备：60 mm × 90 mm × 6 mm 厚垫板一块，厚 1 mm 的铜皮，芯轴用料，顶尖垫圈。

3. 工艺过程

(1) 粗车外圆。

(2) 钻孔，车端面，粗精车 $\phi20$ mm 内孔、$M25 \times 1.5$ 螺纹底孔、$\phi28$ mm 内孔、$\phi30$ mm 内孔、内沟槽及螺纹。

(3) 车另一端面，保证总长尺寸满足要求。

(4) 精车 $\phi42$ mm 外圆、3 mm 外沟槽 3 处，倒角 $1 \times 45°$。

(5) 车 $SR25$ 球面。

(6) 画线，车 $\phi18$ mm 横孔。

(7) 检查工件，车加工完成。

4. 工序步骤

活塞模型工序步骤如表 5-3 所示。

表 5-3　活塞模型工序步骤

工序	设备	装卡方式	加工内容	加 工 步 骤	备 注
1	CA6140	三爪卡盘	车端面和卡头	装卡，用三爪卡盘装卡毛坯料，用 45°端面车刀粗车端面，用 90°外圆车刀车制卡头	留出 20 mm 长，转速 n = 500 r/min，车平即可，直径为 $\phi40$ mm，长度为 9 mm
2	CA6140	三爪卡盘	调头装卡	用三爪卡盘调头装卡	留出长度为 20 mm，转速 n = 500 r/min
			车端面	用 45°端面车刀粗车端面	
			钻孔	用 A4 中心钻钻中心孔	
		一夹一定	重新装卡	卡住卡头 $\phi40$ mm、外圆 9 mm 长处	
			安装顶尖	用顶尖支住工作的另一端	
			粗车	用 90°外圆车刀粗车 $\phi40$ mm 外圆	直径到 $\phi43$ mm，长度到卡爪外 3 mm
3	CA6140	三爪卡盘	重新装卡	用三爪卡盘装卡工件的 $\phi43$ mm 外圆	放出 6 mm 长度
			钻孔	用 $\phi18$ mm 钻头钻盲孔	直径为 $\phi18$ mm，长度为 67 mm
			精车端面	用 90°车刀精车端面，调整转速	粗糙度 Ra = 3.2 μm，转速 n = 300 r/min，走刀量为 0.15 mm

工序	设备	装卡方式	加工内容	加工步骤	备注
3	CA6140	三爪卡盘	粗车内孔	用高速钢内孔精车刀粗车内孔，调整转速	到 ϕ 19.7 mm，长度为 68 mm，转速 $n = 80$ r/min，走刀量为 0.15 mm
			半精车内孔	用高速钢内孔精车刀半精车内孔	直径到 ϕ19.85 mm
			精车内孔	用高速钢内孔精车刀精车内孔	直径到 $\phi20_0^{+0.021}$ mm，粗糙度 $Ra = 1.6$ μm
			粗车螺纹内径	用高速钢内孔粗车刀粗车 $M25 \times 1.5$ 螺纹底径	直径到 ϕ23.5 mm，长度到 48 mm
			车ϕ28 mm 内孔	用高速钢内孔粗车刀粗车 $\phi28_0^{+0.021}$ mm 内孔，用高速钢内孔精车刀半精车 ϕ28 mm 内孔，用高速钢内孔精车刀精车 ϕ28 mm 内孔	直径到 ϕ 27.7 mm，长度到 22 mm，走刀量为 0.15 mm，到 $\phi28_0^{+0.021}$ mm，粗糙度 $Ra = 1.6$ μm
			车ϕ30 mm 内孔	用高速钢内孔粗车刀粗车 ϕ30 mm 内孔，用高速钢内孔精车刀半精车 ϕ30 mm 内孔，用高速钢内孔精车刀精车 ϕ30 mm 内孔	直径到 ϕ 29.7 mm，到 $\phi30_0^{+0.025}$ mm，长度到 6 mm，粗糙度 $Ra = 1.6$ μm
			切槽	用内孔切槽刀切制内槽	转速 $n = 160$ r/min，3 × ϕ26 mm，槽距端面 49 mm
			车螺纹	用内三角螺纹车刀车制内螺纹	
			检查	用塞规检查螺纹	合格
			倒角	用倒角车刀去内孔口锐边，外圆处倒角	$1 \times 45°$
			检查	用内径表检查 ϕ 20 mm 内孔、ϕ28 mm 内孔尺寸，用带表卡尺检查 ϕ30 mm 内孔尺寸	合格，卸下工件

工序	设备	装卡方式	加工内容	加工步骤	备注
4	CA6140	三爪卡盘一夹一顶	装卡	用三爪卡盘卡住芯头用料	车制芯轴(见图4-15)。把工件$\phi30$ mm 内孔套装在芯轴$\phi30$ mm 圆上,端面靠平
			加顶尖	用活顶尖短套顶上另一端	用转速 $n=500$ r/min 开车旋转,再加力顶牢
			车$\phi42$ mm 外圆	用90°硬质合金 YT15 车刀半精车$\phi42$ mm 外圆	走刀量为 0.08 mm,直径到$\phi42.5$ mm
			精车	用90°硬质合金 YT15 车刀精车$\phi42$ mm 外圆	直径到$\phi42_{0}^{-0.025}$ mm,粗糙度 $Ra=1.6$ μm
			车沟槽	用3.05 mm 宽切刀车制外沟槽,调整转速;当刀刃接触到工件表面时,记下中拖板的刻度数;用自动横向走刀切入	长度位置从工件右端面65 mm 长处对刀,锁紧大拖板;转速 $n=80$ r/min;走刀量为 0.03 mm;精准切刀 70格位置时,停止走刀,待工件转过几圈后,停转,退刀合格
			检查	用带表卡尺测量并检查沟槽直径	
			调整	把磁性百分表安装在车床上,表头触到刀架上	
			加工	用小拖板移动车刀,用百分表监测移动距离 3.05 + 2.95 = 6 mm,开动车床车制第二条沟槽。车好后,再用此方法车制第三条沟槽	注意:切槽时必须加切削液进行冷却和润滑,以保证粗糙度
			检查	用带表卡尺测量并检查沟槽直径	合格
			去锐边	去除工件锐边	
			记号	用车刀在工价总长度尺寸位置切出长度标记槽	槽深为 5 mm,卸下工件
5	CA6140	三爪卡盘	装卡	把工件擦净,包上铜皮装卡在三爪卡盘上	把三条外沟槽放在卡盘外边
			粗车端面	用45°端面车刀粗车工件端面,用车刀尖在距端面11.44 mm位置处轻画一条线	转速 $n=500$ r/min;车到总长为 85 ± 0.11 mm 时为止,是球面的轴向长度尺寸
			车球面	用圆弧车刀粗车球面,用圆弧车刀精车球面	到 $SR=25\pm0.105$ mm,粗糙度 $Ra=3.2$ μm
			检查	用 $R25$ mm 样板检查工件球面的加工质量	合格,卸下工件

续表三

工序	设备	装卡方式	加工内容	加 工 步 骤	备　注
6	CA6140	三爪卡盘	画线	把工件放在平台上，按照图纸尺寸，在距离工件端面34 mm处，用高度卡尺在外圆上画一圆周线	
			装卡	用三爪卡盘装卡工件，把三爪卡盘上的一爪少上一圈，把一爪转到下边，成垂直位置。把垫卡放在一爪上，再把工件放在垫卡上，把高度卡尺放在中拖板前边的水平面上，找出卡盘中心高度尺寸，锁紧卡尺，把高度卡尺尖对准工件的画线位置，拧动卡盘扳手，把工件上的周线高度调到尺尖。这时再用带表卡尺测量另外两只卡爪距离工件最近处的距离尺寸。 在工件的后面靠卡盘平面处，再加一块50 mm×100 mm×6 mm的靠平垫片	采用车制横孔的装卡方法，如测量读数比工件直径ϕ42 mm大8 mm，就用4 mm厚的两块垫板垫在工件两边。这时不要转动卡盘，把工作靠平卡紧后，再检查34 mm尺寸线是否准确，如果有误差，可以用薄垫片调整
			检查	用深度卡尺测量并检查工件外圆到卡盘外圆的两端尺寸是否一致，卡紧工件，调整转速	找正后，可以保证工件的对称度公差；转速 n = 500 r/min
			钻孔	用A4中心钻钻中心孔，用ϕ15 mm钻头钻通孔	
			车ϕ18 mm内孔	用高速钢内孔粗车刀粗车ϕ18 mm内孔，调整转速；用高速钢内孔精车刀半精车ϕ18 mm内孔；用高速钢内孔精车刀半精车ϕ18 mm内孔	直径到ϕ17.7 mm；转速 n = 80 r/min；走刀量为 0.2 mm；直径到ϕ17.85 mm；直径到$\phi18_0^{+0.018}$ mm；粗糙度 Ra = 16 μm
			检查	用百分表测量并检查$\phi18_0^{+0.018}$ mm内孔	合格，卸下工件清洗，加工完毕

5. 注意事项

(1) 在没有四爪卡盘的情况下，如果工件数量不多，可采用表5-3中的方法加工横孔。采用这种方法装夹，有垫片保护，可避免卡伤工件的加工表面，若操作得当，可以保证装卡精度。

(2) 加工横孔，钻孔切削时不可选择大切削量，以免破坏装卡精度。

◈ 【任务实施】

(1) 准备刀具、量具等。

(2) 领取毛坯件，仔细观察并计算加工余量。

(3) 在车床上加工工件。

(4) 检测测量工件。

◇ 【任务评价】

活塞模型评分表(高级工)如表 5-4 所示。

表 5-4 活塞模型评分表(高级工)

项目	考核要求		配分	实测数据		扣分	得分
	精度	粗糙度 Ra		精度	粗糙度 Ra		
直径	$\phi42$		4				
	$\phi30$		3				
	$\phi28$		3				
	$\phi20$		3				
	削孔 $\phi18$		5				
	$3 \times \phi26$		5				
	$SR25$		8				
	$\phi35 \times 3$(槽)		6				
长度	总长 85		6				
	内腔深 68		4				
	6		3				
	22		3				
	削孔中心 34		6				
	内槽深 49		4				
	第一槽位置 65		4				
	槽宽 3		3				
	槽距 3		3				
形位公差	$\equiv 0.04A$		6				
	$\nearrow 0.05A$		5				
	$\perp 0.05A$		6				
安全文明			10				
考核时间(180 min)	总分		100			总得分	

附　　录

一、判断题(正确的画√，错误的画×，每题 1 分，共 30 分)

1. 拟订各种生产类型工件的表面加工顺序时，都应划分为粗加工、精加工和光整加工几个阶段进行。（　）

2. 拟订工艺路线时，一般先安排粗加工，后进行半精加工和精加工。（　）

3. 在加工细长轴工件时，当加工工序结束后，应把工件水平放置好。（　）

4. 设计图样上采用的基准，称为工艺基准。（　）

5. 测量工件形状和尺寸时没有基准。（　）

6. 在车床上用两顶尖装夹轴类零件，共消除了工件的五个自由度。（　）

7. 细长轴常用一顶一夹或两顶尖装夹的方法来加工。（　）

8. 车削薄壁工件时，一般尽量不用径向夹紧方法，最好应用轴向夹紧方法。（　）

9. 两个平面相交角大于或小于 90°的角铁叫作角度角铁。（　）

10. 当角铁装夹在花盘上后，检查角铁装夹基准平面与车床主轴轴线的平行度，当平行度误差超过 0.01 mm 时，应对角铁进行修整。（　）

11. 在花盘上用于找正双孔中心距的定位圆柱或定位套，其定位端面对轴线有较高的垂直度要求。（　）

12. 在角铁上装夹、加工工件，可以不考虑平衡问题。（　）

13. 在单动卡盘上车削有孔间距工件时，一般按找正画线、预车孔、测量孔距实际尺寸、找正偏移量、车孔至尺寸的工艺路线来加工。（　）

14. 硬质合金硬度很高，耐磨性和耐热性均很好，刃口可以刃磨得比高速钢刀具更锋利，所以切削性更好。（　）

15. 增大刀具前角，可以减小切削力和切削热。（　）

16. 主轴轴承间隙过大，切削时会产生径向圆跳动和轴向窜动，但不会引起振动。（　）

17. 调整 CA6140 型车床制动器松紧时，先把制动带接在箱体端的螺母松开，将操纵杆放在中间位置。松开离合器，齿条上的凸起部分刚好对正杠杆，使杠杆顺时针摆动，拉紧钢带，再适当旋转螺钉即可。（　）

18. 床鞍和导轨之间的间隙，应保持刀架在移动时平稳、灵活，无松动和无阻滞状态。（　）

19. 车床床身导轨在垂直平面内的直线度误差是车床的重要几何精度之一。　　（　　）

20. 床身固定螺钉松动，导致车床水平变动，不影响加工工件的质量。　　（　　）

21. 车削梯形螺纹时，车刀左倾前角随着螺纹升角 ϕ 的增大而增大。　　（　　）

22. 用单针测量法和三针测量法测量梯形螺纹时，量针的计算公式都是 $d = 0.518P$。

　　（　　）

23. 蜗轮常用青铜材料制造，蜗杆用中碳钢或中碳合金钢制造。　　（　　）

24. 米制蜗杆和英制蜗杆的导程角的计算公式是相同的。　　（　　）

25. 在丝杠螺距为 6 mm 的车床上，采用提起开合螺母手柄车削螺距为 2 mm 的双线螺纹是不会发生乱牙的。　　（　　）

26. 齿厚游标卡尺是由互相垂直的齿高卡尺和齿厚卡尺组成的。　　（　　）

27. 在单动卡盘上，用指示表找正偏心圆，一般可使偏心距公差在 0.02 mm 以内。

　　（　　）

28. 用自定心卡盘加工偏心工件时，测得偏心距小了 0.1 mm，应将垫片加厚 0.1 mm。

　　（　　）

29. 采用双重卡盘车削偏心工件时，在找正偏心距的同时，还必须找正自定心卡盘的端面。　　（　　）

30. 立式车床分为单桂式、双柱式和多柱式三大类。　　（　　）

二、单项选择题(将正确答案的选项填入括号内，每题 1 分，共 20 分)

1. 将一个法兰工件装在分度头上钻 6 个等分孔，钻好一个孔要分度一次，再钻第二个孔，钻削该工件 6 个孔，就有(　　)。

A. 6 个工位　　　　　　　　　　　B. 6 道工序
C. 6 次安装　　　　　　　　　　　D. 6 个工步

2. 从(　　)卡上可以反映出工件的定位、夹紧及加工表面。

A. 工艺过程　　　　　　　　　　　B. 工艺
C. 工序　　　　　　　　　　　　　D. 刀具

3. 在单件生产中，常采用(　　)法加工。

A. 工序集中　　　　　　　　　　　B. 工序分散
C. 分段　　　　　　　　　　　　　D. 单一工序

4. 淬火工序一般安排在(　　)。

A. 毛坯制造之后，粗加工之前　　　B. 粗加工之后，半精加工之前
C. 半精加工之后，磨削加工之前　　D. 精加工之后

5. 轴类零件在车、铣、磨多道工序加工中，始终以中心孔作为精准，这符合(　　)原则，有利于提高加工精度。

A. 基准重合　　　　　　　　　　　B. 基准统一
C. 基准不变　　　　　　　　　　　D. 基准变换

6. 用牌号为 YT15 的车刀车削细长轴时，应该(　　)切削液。

A. 不用　　　　　　　　　　　　　B. 用油作
C. 用乳化液作　　　　　　　　　　D. 用水作

7. V 形块的工作部位是 V 形槽的(　　)。

A. 两侧面 B. 槽顶的两条线
C. 槽底 D. 两端面

8. 在车床花盘上加工双孔工件时，主要解决的问题应是两孔的(　　)公差。
A. 尺寸 B. 形状
C. 中心距 D. 方向

9. 对于精度要求高和项目多的工件，经单动卡盘装夹找正后，为阻止正确位置变动，可采用(　　)的方法来加工。
A. 粗、精分开 B. 一刀车出
C. 粗车后复验找正精度 D. 直接精加工

10. CA6140 型车床的双向多片式摩擦离合器(　　)作用。
A. 只起开停 B. 只起换向
C. 起开停和换向 D. 变换转速

11. 用 0.04 mm 厚度的塞尺检查床鞍外侧压板垫块与床身导轨之间的间隙时，塞尺塞入深度不超过(　　)mm 为宜。
A. 10 B. 20 C. 40 D. 50

12. 车床传动链中,传动轴弯曲或传动轮、蜗轮损坏,在加工工件的外圆表面的(　　)上出现有规律的波纹。
A. 轴向 B. 圆周 C. 端面 D. 径向

13. 蜗杆蜗轮适用于(　　)运动的传递机构。
A. 减速 B. 增速 C. 等速 D. 不确定

14. 多线螺纹的分线误差，会造成螺纹的(　　)不等。
A. 螺距 B. 导程 C. 齿厚 D. 齿高

15. 由于蜗杆的导程较大，因此一般在车削蜗杆时都采用(　　)切削。
A. 高速 B. 中速 C. 低速 D. 变速

16. 用齿厚游标卡尺测量蜗杆齿厚时，齿厚游标卡尺的测量面应与蜗杆牙侧面(　　)。
A. 平行 B. 垂直 C. 倾斜 D. 交叉

17. 在自定心卡盘上车削偏心工件时，应在一个卡爪上垫一块厚度为(　　)偏心距的垫片。
A. 1 倍 B. 1.5 倍 C. 2 倍 D. 4 倍

18. 在车床上用指示表和中滑板刻度配合测量一偏心距为 8 mm 的曲轴的偏心距误差时，最高点测好后，把曲柄颈转过180°后，将中滑板依照刻度应朝里摇进(　　)mm。
A. 4 B. 8 C. 16 D. 24

19. 立式车床的两个刀架(　　)进行切削。
A. 只能分别 B. 不许同时 C. 可以同时 D. 独立

20. 在立式车床上,为了保证平面定位的精度和可靠性,通常采用(　　)等高块来定位。
A. 2 个 B. 3 个 C. 4 个以上 D. 1 个

三、计算题(共 20 分)

1. 车削齿顶圆直径 $d = 22$ mm、压力角 $\alpha = 20°$、轴向模数 $m = 2$ mm 的双头米制蜗杆，求蜗杆的轴向齿距、导程、全齿高及分度圆直径。(6 分)

2. 车床丝杆螺距为 12 mm，车削 DP 为 10 inch 的螺杆，求交换齿轮齿数。(8 分)

3. 用三针测量法测量 Tr40 × 7 的米制梯形螺纹，求量针直径 d 和量针测量距离 M。(6 分)

四、问答题(共 30 分)

1. 影响薄壁类工件加工质量的因素有哪些？(6 分)

2. 片式摩擦离合器在松开状态时，间隙太大和太小各有哪些害处？(6 分)

3. 粗车蜗杆时，应如何选择车刀的几何角度和形状？(8 分)

4. 试述偏心轴的画线方法。(10 分)

附录 2　中级工试题 2

一、判断题(正确的画√，错误的画×，每题 1 分，共 30 分)

1. 成批生产的特点是工件的数量较多，成批地进行加工，并会周期性地重复生产。
（　　）

2. 当工人的平均操作技能水平较低时，宜采用工序集中法进行加工。　　（　　）

3. 渗氮处理一般是安排在工件工艺路线中最后的一道工序。　　　　　　（　　）

4. 内圆磨床主轴上没有标注尺寸精度的各段外圆，粗车到自由公差等级即可。（　　）

5. 在加工细长轴工件时，如果工序只进行到一半，工件在机床上，可在中间部位用木块支承起来。　　　　　　　　　　　　　　　　　　　　　　　　　　　（　　）

6. 用工件上不需要加工的表面作为粗基准，可使该表面与加工表面保持正确的相对位置。　　　　　　　　　　　　　　　　　　　　　　　　　　　　　　　（　　）

7. 自定心卡盘能同时完成工件的定位和夹紧。　　　　　　　　　　　　（　　）

8. 车削细长轴时，最好采用两个支承爪的跟刀架。　　　　　　　　　　（　　）

9. 对于线胀系数较大的薄壁工件，在一次装夹中连续进行半精车和精车时，所产生的切削热不会影响它的尺寸精度。　　　　　　　　　　　　　　　　　　　（　　）

10. 花盘盘面应平整，表面粗糙度值不应大于 1.6 μm。　　　　　　　　（　　）

11. 工件在花盘上装夹的基准面，一般在铣削之后还要进行磨削或精刮。（　　）

12. 在花盘的角铁上加工工件时，转速不宜太低。　　　　　　　　　　　（　　）

13. 钻类硬质合金(YG)刀具主要适用于加工脆性材料。　　　　　　　　（　　）

14. 车床技术规格中的最大工件长度就是最大车削长度。　　　　　　　　（　　）

15. 主轴轴承间隙过大，不会影响机床正常工作。　　　　　　　　　　　（　　）

16. 在测量主轴径向圆跳动时，将磁性表座固定在中滑板上，测头触及主轴定心轴颈表面，沿主轴轴线加一个力，用手转动主轴，转一圈中指示读数的最大差值，即为主轴径向圆跳动误差。　　　　　　　　　　　　　　　　　　　　　　　　　（　　）

17. 开动车床，使主轴以 300 r/min 左右转速正转，然后将制动手柄置于中间位置停机，不但主轴能在 2～3 s 时间内制动，而且开机时制动带完全松开，说明制动器调整得当。
（　　）

18. 开合螺母与镶条要调整适当，否则会影响螺纹的加工精度。　　　　（　　）

19. 机床的精度包括几何精度和工作精度。　　　　　　　　　　　　　　（　　）

20. 主轴轴颈的圆度误差过大，不会引起加工工件的外圆圆度超差。 （ ）

21. 为了提高梯形螺纹牙型质量，用高速钢梯形螺纹车刀车削梯形螺纹时需粗车和精车分开进行。 （ ）

22. Tr60×18(P9)-8e 代表的是一个螺距为 9 mm 的双线梯形内螺纹。 （ ）

23. 蜗杆蜗轮的参数和尺寸规定在主平面内计算。 （ ）

24. 车削法向直廓蜗杆时，车刀左右切削刃组成的平面应垂直于齿面。 （ ）

25. 由于蜗杆的导程大，所以一般都采用高速车削加工的方式。 （ ）

26. 用小滑板刻度分线法车削多线螺纹比较简便，但分线精度较低，一般用作粗车。 （ ）

27. 在刚开始车削偏心孔时，切削用量不宜过小。 （ ）

28. 在两顶尖间车削偏心轴时，一般先顶住工件基准中心孔车削基准外圆，再顶住偏心中心孔车削偏心外圆。 （ ）

29. 可以采用立式车床的立刀架滑座倾斜一个角度的方式进行锥形工件加工。 （ ）

30. 在起动立式车床工作台时，要求平稳，不能过急，在转速大于 150 r/min 时，起动时间不应小于规定要求的 10 %。 （ ）

二、单项选择题(将正确答案的选项填入括号内，每题 1 分，共 20 分)

1. 在一台车床上，用一把车刀对一段外圆作 3 次切削的工艺过程为( )。
A. 3 个工步 　　　 B. 1 个工步 　　　 C. 1 次进给 　　　 D. 3 个工序

2. 定位基准、测量基准和装配基准( )基准。
A. 都是工艺 　　　　　　　 B. 都是设计
C. 既是设计基准，又是工艺基准 　　　 D. 不确定

3. 在安排工件表面的加工顺序时，应遵循( )原则。
A. 先粗后精 　　　　　　　 B. 先精后粗
C. 粗、精交叉 　　　　　　　 D. 直接精加工

4. 限制部分自由度就能满足加工要求的定位方式称为( )。
A. 完全定位 　　　　　　　 B. 不完全定位
C. 欠定位 　　　　　　　 D. 过定位

5. 在使用中心架支承车削细长轴时，中心架( )支撑在工件中间。
A. 必须直接 　　　　　　　 B. 必须间接
C. 可以直接，亦可间接 　　　 D. 不可以

6. 用两顶尖装夹的方法车削细长轴时，在工件两端各车两级直径相同的外圆后，用( )只指示表就可以找正尾座中心。
A. 1 　　　 B. 2 　　　 C. 4 　　　 D. 6

7. 对在花盘和角铁上车削工件时用的平衡块有( )要求。
A. 形状 　　　 B. 质量 　　　 C. 精度 　　　 D. 表面质量

8. 测量心轴检验工件上两孔轴线的平行度误差的计算公式为( )。
A. $f = \dfrac{L_1}{L_2}|M_1 - M_2|$ 　　　　　　 B. $f = \dfrac{L_1}{L_2}|M_1 + M_2|$

C. $f = \dfrac{L_2}{L_1}|M_1 - M_2|$ 　　　　　　　D. $f = \dfrac{L_1}{L_2}|M_1 + M_2|$

9. 多片式摩擦离合器的(　　)摩擦片空套在花键轴上。

A. 外　　　　　　B. 内　　　　　　C. 内、外　　　　D. 中间

10. 卧式车床小滑板丝杠与螺母间的间隙是由制造精度保证的,所以,小滑板手柄正、反转之间空行程量(　　)。

A. 不会变　　　　　　　　　　　B. 越用越大

C. 可用螺母锁紧　　　　　　　　D. 越用越小

11. 在精车工件端面时,平面度超差与(　　)无关。

A. 主轴轴向窜动　　　　　　　　B. 床鞍移动对主轴轴线的平行度

C. 床身导轨　　　　　　　　　　D. 机床的精度

12. 螺纹升角ϕ的计算公式是(　　)。

A. $\tan\phi = P_h / (\pi d^2)$ 　　　　　　B. $\tan\phi = P_h / (2\pi d)$

C. $\tan\phi = P_h / (\pi d)$ 　　　　　　　B. $\tan\phi = 2P_h / (\pi d)$

13. 蜗杆车刀左右刃后角大小的选择与被加工蜗杆的(　　)有关。

A. 压力角　　　　B. 螺旋角　　　　C. 导程角　　　　D. 前角

14. 用指示表分线法车削多线螺纹时,其分线齿距一般要在(　　)mm 之内。

A. 5　　　　　　B. 10　　　　　　C. 20　　　　　　D. 25

15. 偏心工件的车削方法有(　　)种。

A. 4　　　　　　B. 5　　　　　　C. 7　　　　　　D. 9

16. 立式车床的横梁用于(　　)。

A. 调整立刀架的上下位置　　　　B. 调整侧刀架的上下位置

C. 垂直进给　　　　　　　　　　D. 承重

17. 在自定心卡盘上车削偏心套时,测得偏心距大了 0.06 mm,应(　　)。

A. 将垫片修掉 0.09 mm　　　　　B. 将垫片加厚 0.09 mm

C. 将垫有垫片的卡爪调紧一些　　D. 将垫片加厚 0.18 mm

18. 在两顶尖间装夹车削精度要求较高的偏心工件时,其中心孔应在(　　)上钻出。

A. 车床　　　　　B. 钻床　　　　　C. 坐标镗床　　　　D. 铣床

19. 车削曲轴时,两端主轴径较小,不能直接钻削曲柄颈中心孔,一般可在两端留工艺轴颈或(　　)。

A. 装上偏心夹板　　　　　　　　B. 加上偏心套

C. 加上偏心轮　　　　　　　　　D. 加上中心架

20. 当立式车床工作台转速大于(　　) r/min 时即为高速。

A. 150　　　　　B. 300　　　　　C. 500　　　　　D. 600

三、计算题(共 20 分)

1. CA6140 型车床进给箱传动系统中从主轴到轴Ⅸ的传动比为1,交换齿轮选用 63/100 × 100/75,$P = 12$ mm。当齿轮啮合时,计算车削螺纹的螺距为多少。(6 分)

2. 车削分度圆直径 d 为 28 mm,压力角 α 为 20°,轴向模数 m 为 2.5 mm 的双头米制

蜗杆，求蜗杆的齿顶圆直径 d，导程角 β，轴向齿厚 s 及法向齿厚 t(6 分)。

3. 在丝杠螺距为 6 mm 的车床上，用 71/20 × 50/113 的交换齿轮，可车削模数 m 为多大的蜗杆。(4 分)

4. 车削偏心距 e 为 2 mm 的工件时，在自定心卡盘的卡爪中应垫入多厚的垫片进行试切削？试车后测得偏心距为 2.05 mm 时，试计算正确的垫片厚度。(4 分)

四、问答题(共 30 分)

1. 预备热处理包括哪些热处理方法？各自的目的是什么？被应用于何种材料？如何安排处理顺序？(10 分)

2. 采用跟刀架车削细长轴时产生竹节形的原因是什么？应如何正确使用跟刀架？(6 分)

3. 精车蜗杆时，对车刀有哪些要求？车削时应注意什么问题？(6 分)

4. 偏心工件的车削方法有哪几种？各适用于什么情况？(8 分)

附录 3　高级工试题 1

一、判断题(正确的画√，错误的画×，每题 1 分，共 30 分)

1. 车削加工中，工序数量、材料消耗、机械加工劳动量等很大程度取决于所确定的毛坯。　　　　　　　　　　　　　　　　　　　　　　　　　　　　　　(　　)

2. 在制订零件加工工艺路线时，任何零件都必须将粗加工和精加工分开进行。(　　)

3. 工序集中就是将许多加工内容集中在少数工序内完成，使每一工序的加工内容比较多。　　　　　　　　　　　　　　　　　　　　　　　　　　　　　　(　　)

4. 预备热处理被安排在加工工序后进行，目的是改善切削性能，消除加工过程中的内应力。　　　　　　　　　　　　　　　　　　　　　　　　　　　　　　(　　)

5. 为使中碳结构钢获得较好的综合力学性能，可采用调质热处理的方法。(　　)

6. 渗碳一般适用于 45、40Cr 等中碳钢或中碳合金钢。　　　　　　　　(　　)

7. 用查表修正法来确定加工工序余量比较简便、可靠，故被广泛应用。(　　)

8. 任何提高劳动生产率的措施，都必须以保证产品的质量和数量为前提。(　　)

9. 应尽可能采用设计基准或装配基准作为工件的定位基准。　　　　　(　　)

10. 当工件用夹具装夹加工时，影响定位精度的因素主要是定位误差、安装误差、加工误差三个方面。　　　　　　　　　　　　　　　　　　　　　　　　　(　　)

11. 工件在 V 形块上定位时，因工件在垂直方向上自动对准，所以在垂直方向上没有基准位移误差。　　　　　　　　　　　　　　　　　　　　　　　　　　(　　)

12. 当定位基准与设计基准不重合时，为了保证工件的加工精度达到要求，只能提高工件的加工难度。　　　　　　　　　　　　　　　　　　　　　　　　　　(　　)

13. 工件被夹紧后，六个自由度就全部被限制了。　　　　　　　　　　(　　)

14. 夹具的夹紧力作用点应尽量落在工件刚性较好的部位，以防止工件产生夹紧变形。
　　　　　　　　　　　　　　　　　　　　　　　　　　　　　　　(　　)

15. 切削不锈钢材料时应适当提高切削用量，以减少刀具的磨损。　　(　　)

16. 用硬质合金刀具加工黏性强的不锈钢、高温合金和有色金属合金效果较好。(　　)

17. 由于不锈钢的塑性大、韧性好，因此切削变形小，相应的切削力、切削热也小。
　　　　　　　　　　　　　　　　　　　　　　　　　　　　　　　　（　　）

18. 在车削不锈钢工件时，工件硬度较低，宜取较大前角进行加工。　　（　　）

19. 车冷硬铸铁车刀应选用较小前角，一般取负值，硬度越高应取绝对值越大的负前角。　　　　　　　　　　　　　　　　　　　　　　　　　　　（　　）

20. 可转位车刀刀片的夹紧形式有多种，其中复合式适用于重负荷车削。（　　）

21. 工件经过滚压后虽然表面强化，但并不能提高工件表面的耐磨性和疲劳强度。
　　　　　　　　　　　　　　　　　　　　　　　　　　　　　　　　（　　）

22. 通常硬质合金刀具在产生积屑瘤的切削速度范围内，最易产生磨粒磨损。（　　）

23. 在工艺系统刚性较好时，适当增大主偏角，可延长刀具寿命。　　（　　）

24. 杠杆式指示表的测杆轴线与被测工件表面的夹角 α 越小，测量误差就越大。（　　）

25. 指示表是一种指示式量仪，只能用来测量工件的形状误差和位置误差。（　　）

26. 水平仪是测量角度变化的一种常用量仪，一般用来测量直线度和垂直度。（　　）

27. 用自定心卡盘夹持薄壁套镗孔时，可采用专用软卡爪和开缝套爪，使夹紧力均匀分布在薄壁零件上，从而减小了工件的变形。　　　　　　　　　　　（　　）

28. 在深孔钻镗床上用深孔刀具加工大型套筒类零件及轴类零件的深孔时，工件旋转，刀具旋转并作进给运动。　　　　　　　　　　　　　　　　　　　（　　）

29. 加工深孔的主要关键技术是解决冷却和排屑两大问题。　　　　（　　）

30. 车床主轴的径向圆跳动将造成被加工工件端面的平面度误差。　（　　）

二、单项选择题(将正确答案的选项填入括号内，每题 1 分，共 20 分)

1. 模锻毛坯料精度比较高，余量小，但设备投资大，生产准备时间长，适用于（　　）生产。

A. 单件　　　　　　B. 中小批量　　　　　　C. 大批量　　　　　　D. 少量

2. 正确选择（　　），对保证加工精度，提高生产率，降低刀具的损耗和合理使用机床起着很大的作用。

A. 刀具几何角度　　B. 切削用量　　　　C. 工艺装备　　　　D. 主轴转速

3. 为保证工件达到图样规定的精度和技术要求，夹具的（　　）应与设计基准和测量基准尽量重合。

A. 加工基准　　B. 装配基准　　　　C. 定位基准　　　　D. 长度基准

4. 夹具中的（　　）装置，用来保证工件在夹具中定位后的位置在加工过程中不变。

A. 定位　　　　B. 夹紧　　　　　　C. 辅助　　　　　　D. 工艺

5. 由于工件的（　　）基准和设计基准(或工序基准)不重合而产生的误差称为基准不重合误差。

A. 装配　　　　B. 定位　　　　　　C. 测量　　　　　　D. 长度

6. 由于不锈钢材料塑性高，韧性大，容易粘刀，从而增加了切屑与（　　）的摩擦，使切屑变形严重。

A. 刀具　　　　B. 工件　　　　　　C. 切屑　　　　　　D. 工作台

7. 车削橡胶材料，要掌握进刀尺寸，只能一次车成，否则余量小，橡胶弹性大，会产生( )现象。

A. 扎刀 B. 让刀 C. 断刀 D. 卷刀

8. 在钻铝合金时，( )会造成孔壁粗糙。

A. 钻头上产生积屑瘤 B. 钻头切削刃易崩碎

C. 钻头易弯曲 D. 钻头过大

9. 钟面式指示表的测杆轴线与被测工件表面必须( )，否则会产生测量误差。

A. 水平 B. 垂直 C. 倾斜 D. 相交

10. 当杠杆指示表的测量杆轴线与被测工件表面的夹角 $\alpha>15°$ 时，其测量结果应进行修正，修正计算式为 $\alpha = ($)

A. $b\tan\alpha$ B. $b\sin\alpha$ C. $b\cos\alpha$ D. $b\cot\alpha$

11. 特殊深孔($L/D = 30$)如枪管、电动机转子上的深孔等，应使用深孔刀具在( )上进行加工。

A. 卧式机床 B. 立式机床

C. 深孔机床或专业设备 D. 铣床

12. 由于曲轴形状复杂，刚性差，所以车削时容易产生( )。

A. 变形和冲击 B. 弯曲和扭转 C. 变形和振动 D. 歪斜

13. 加工曲轴防止变形的方法是尽量使加工过程所产生的( )相互抵消，以此来减少曲轴的挠曲度。

A. 切削力 B. 切削热 C. 切削变形 D. 摩擦力

14. 车法向直廓蜗杆装刀时，车刀两侧切削刃组成的平面应与齿面( )。

A. 垂直 B. 平行 C. 相切 D. 相交

15. 在箱体的车削加工中，一般以一个平面(前道工序已加工好的平面)为基准，先加工出一个孔，再以这个孔及其端面(或原有基准平面)为基准，加工其他( )。

A. 端面 B. 交错孔 C. 基准面 D. 平面

16. 导轨在垂直平面内的( )，通常用方框水平仪进行检测。

A. 平行度 B. 垂直度 C. 直线度 D. 同轴度

17. 在精车内外圆时，主轴的轴向窜动影响加工件的( )。

A. 同轴度 B. 直线度 C. 表面粗糙度 D. 平行度

18. 在精车外圆时，工件表面轴向产生的波纹呈有规律的周期波纹时，一般是由于进给光杆的( )引起的。

A. 刚性差 B. 强度不够 C. 弯曲 D. 转速

19. 对机床进行空运转试验时，需检查主轴箱中的油面，油面应( )油标线。

A. 低于 B. 高于 C. 平于 D. 不高于

20. 对机床进行空运转试验时，从最低速度开始依次运转主轴的所有转速。各级转速的运转时间以观察正常为限，在最高速度的运转时间不得少于( )min。

A. 10 B. 30 C. 60 D. 90

三、计算题(共 20 分)

1. 如图附 3-1 所示，加工工件上的两孔，由于中心距(40 ± 0.08)mm 无法直接测量，而采用测量两孔直径和尺寸 L 来保证，尺寸 L 为多少时才能保证中心距 40 ± 0.08 mm？(5 分)

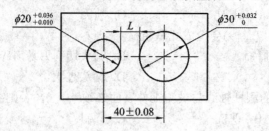

图附 3-1　双孔座

2. 有一根 $120° \pm 30'$ 等分多拐曲轴，测得实际偏心距 e 为 34.98 mm，两主轴颈 D 实际尺寸为 54.00 mm，曲柄颈 d 实际尺寸为 54.97 mm，在 V 形架上主轴颈最高点到平板距离 M 为 110.45 mm，则量块高度 h 应为多少？若用该量块继续测得 H 值为 92.95 mm，H_1 值为 93.15 mm，求曲柄颈的夹角误差为多少？(5 分)

3. 已知一米制蜗杆的法向齿厚要求为 $6.182^{-0.093}_{-0.146}$ mm，若采用三针测量，则量针测量距偏差为多少？(5 分)

4. 如检测一台导轨长度为 1600 mm 的卧式车床，用尺寸为 200 mm × 200 mm、分度值为 0.02 mm/1000 mm 的框式水平仪分 8 段测量，用绝对读数法，水平仪读数+ 1、+ 2、+ 1、0、−1、0、−、−0.5，试计算导轨在垂直平面内的直线度。(5 分)

四、简答题(共 30 分)

1. 如图附 3-2 所示，加工主轴，每批加工数量为 25～30 件，试制订机型加工工艺卡。(10 分)

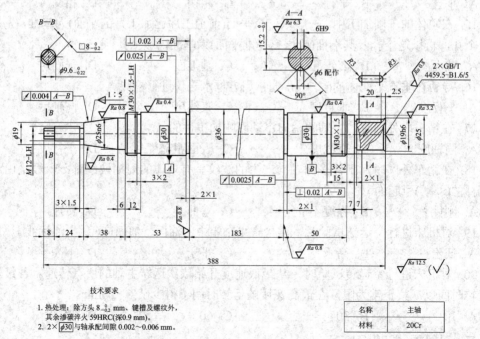

图附 3-2　主轴

2. 使用车床夹具应注意哪几点要求？

3. 试述不锈钢的车削特点。(8 分)

4. 如何检验机床工作精度中精车的平面度误差？写出此项的公差。(7 分)

附录4　高级工试题 2

一、判断题(正确的画√，错误的画×，每题 1 分，共 30 分)

1. 对原材料、半成品进行加工、装配或处理，使之成为产品的方法和过程，称为工艺。
（　　）

2. 制订工艺路线是零件由粗加工到最后装配的全部工序。　　　　（　　）

3. 工序集中或工序分散的程度和工序数目的多少，主要取决于生产规模和零件结构的特点及技术要求。　　　　　　　　　　　　　　　　　（　　）

4. 最终热处理包括淬火、渗碳淬火、回火和渗氮处理等，应安排在半精加工和磨削加工之后。　　　　　　　　　　　　　　　　　　　　　（　　）

5. 最终热处理主要用来提高材料的强度和硬度。　　　　　　　（　　）

6. 因渗氮层较厚，故工件经渗氮后仍能进行精车或粗磨。　　　（　　）

7. 时间定额是在预测先进的操作加工技术的基础上制订的。　　（　　）

8. 选择平整和光滑的毛坯表面作为粗基准，其目的是可以重复装夹使用。（　　）

9. 工件以外圆表面在定位元件上定位时，工件外圆直径上的加工误差不会产生基准位移误差。　　　　　　　　　　　　　　　　　　　　　　（　　）

10. 由于工件的定位基准与设计基准不重合而产生的误差称为基准不重合误差。
（　　）

11. 工件的定位误差包括基准位移误差、基准不重合误差、夹具制造误差等。（　　）

12. 工件定位时，并不是任何情况下都要限制 6 个自由度。　　　（　　）

13. 重复定位对工件的定位精度有提高作用，这是可以采用的。　（　　）

14. 装夹长轴，一端用卡盘夹持(夹持部分较长)，另一端用中心支架支承，共限制了 6 个自由度，这种定位方式既是不完全定位，又是重复定位。　（　　）

15. 材料的切削加工性是通过材料的硬度、抗拉强度、伸长率、冲击值、热导率等因素进行综合评定的。

16. 用高速钢车刀不能切割不锈钢。　　　　　　　　　　　　（　　）

17. 淬硬钢经淬火后，其塑性降低，因此切削过程塑性变形小，不易产生积屑瘤，从而可减小加工表面的粗糙度。　　　　　　　　　　　　　　　（　　）

18. 由于铝合金强度低，塑性大，热导率高，所以车刀可采取较小的前角和较高的切削速度。　　　　　　　　　　　　　　　　　　　　　　（　　）

19. 可转位车刀刀片不需重磨，有利于涂层材料的推广应用，以进一步提高切削效率，延长刀具寿命。　　　　　　　　　　　　　　　　　　（　　）

20. 标准麻花钻主切削刃上各点处的前角数值是变化的，靠外圆处前角较小，接近钻心处已变为很大的前角。　　　　　　　　　　　　　　　（　　）

21. 刀具氧化磨损最容易在主、副切削刃的工作边界处形成。　　（　　）

22. 刀具经过初期磨损阶段后，磨损逐渐缓慢，即进入正常磨损阶段。正常磨损阶段就是刀具工作的有效阶段。　　　　　　　　　　　　　　　　　　　　　　　（　　）

23. 在满足加工表面质量要求时，适当减小副偏角，可增加刀尖强度及散热体积，从而延长刀具寿命。　　　　　　　　　　　　　　　　　　　　　　　　　　　（　　）

24. 所有的量具都应完整无损，部件齐全，经计量部门定期检查，鉴定合格后才能使用。　　　　　　　　　　　　　　　　　　　　　　　　　　　　　　　　（　　）

25. 钟表式指示表的测杆轴线与被测工件的表面必须平行，否则会产生测量误差。（　　）

26. 为提高测量精度，应将杠杆式卡规(或杠杆千分尺)拿在手中进行测量。　　（　　）

27. 气动量仪是根据空气气流相对流动的原理进行测量的量仪，所以它能直接读出工件的尺寸精度。　　　　　　　　　　　　　　　　　　　　　　　　　　　　　（　　）

28. 内排屑的特点是可增大刀杆外径，提高刀杆刚性，有利于提高进给量和生产率。
　　　　　　　　　　　　　　　　　　　　　　　　　　　　　　　　　　　（　　）

29. 车削多线螺纹时，无论是粗车还是精车，每次都必须将螺纹的每一条螺纹线车完，并保持车刀位置相互一致。　　　　　　　　　　　　　　　　　　　　　　（　　）

30. 先孔后面的加工顺序是箱体工件车削的相关工艺之一。　　　　　　　　（　　）

二、单项选择题(将正确答案的选项填入括号内，每题 1 分，共 20 分)

1. 制订工艺卡片时，毛坯的选择主要包括选择毛坯(　　)，确定毛坯的形状和尺寸。
A. 产地　　　　　　　　　　　　　B. 制造商
C. 类型　　　　　　　　　　　　　D. 价格

2. 机械加工的基本时间是指(　　)。
A. 劳动时间　　　　　　　　　　　B. 机动时间
C. 操作时间　　　　　　　　　　　D. 辅助时间

3. (　　)基准包括定位基准、测量基准和装配基准。
A. 定位　　　　B. 设计
C. 工艺　　　　D. 方向

4. 车削加工应可以利用工件(　　)作为定位基准。
A. 已加工表面　　　　　　　　　　B. 过渡表面
C. 不加工表面　　　　　　　　　　D. 面积小的表面

5. 为保证工件各相关面的位置精度，减少夹具的设计与制造成本，应尽量采用(　　)的原则。
A. 自为基准　　　　　　　　　　　B. 互为基准
C. 基准统一　　　　　　　　　　　D. 基准分散

6. 用两销一面定位，两销指的是(　　)。
A. 两个短圆柱销　　　　　　　　　B. 短圆柱销
C. 短圆柱销和削边销　　　　　　　D. 两个长圆柱销

7. 定位误差是指一批工件定位时，工件的(　　)基准在加工尺寸方向上相对于夹具(机床)的最大变动量。
A. 测量　　　　B. 装配　　　　　　C. 设计　　　　　　D. 长度

8. 在车削不锈钢材料的过程中选择切削用量时，应选择(　　)。

A. 较低的切削速度和较小的进给量

B. 较低的切削速度和较大的进给量

C. 较高的切削速度和较小的进给量

D. 较高的切削速度和较大的进给量

9. 可转位车刀刀片定位方式中，(　　)定位精度较高。

A. 用刀片底面和相邻两侧面定位

B. 用刀片底面、一个侧面与活动中心销定位

C. 用刀片底面、中心孔及一个侧面侧面定位

D. 用刀片两个侧面定位

10. 铸铁较脆，钻削时会切削成碎块并夹杂着粉末，挤轧在钻头的后面、棱边与工件孔壁之间，产生剧烈的摩擦，使钻头的(　　)磨损最严重。

A. 棱边　　　　　　　　　　　B. 后刀面

C. 外缘转角处　　　　　　　　D. 前刀面

11. 刀具磨损按其主要发生的部位有(　　)。

A. 主切削刃磨损、副切削刃磨损、主副切削刃同时磨损

B. 前刀面磨损、后刀面磨损、前后刀面同时磨损

C. 上面磨损、下面磨损、上下面同时磨损

D. 侧面

12. (　　)，一般采用钻孔—扩孔—铰孔的方案。

A. 孔径较小的孔　　　　　　　　B. 孔径较大的孔

C. 淬火钢或精度要求较高的套类零件　D. 深孔

13. 曲轴由于其质量中心不在回转轴上，所以在切削加工过程中，工件产生了较大的(　　)，容易引起振动，会严重影响加工的精度和质量。

A. 惯性力　　　B. 切削力　　　　C. 自重力　　　　D. 摩擦力

14. 粗车曲轴各轴颈的先后顺序一般遵守先车的轴颈对后车的轴颈加工(　　)降低较小的原则。

A. 强度　　　　B. 刚度　　　　　C. 硬度　　　　　D. 长度

15. 蜗杆的齿形为法向直廓，装刀时应把车刀左右切削刃组成的平面旋转一个(　　)，即垂直于齿面。

A. 压力角　　　B. 前角　　　　　C. 导程角　　　　D. 后角

16. 车削箱体孔工件，在选择夹紧力部位时，夹紧力方向尽量与基准平面(　　)。

A. 平行　　　B. 倾斜　　　　C. 垂直　　　　D. 相交

17. 在检查床身导轨在垂直平面内的直线度时，由于车床床身导轨中间部分使用机会较多，因此规定导轨中部允许(　　)。

A. 凸起　　　B. 凹下　　　　C. 扭转　　　　D. 变粗

18. 当用两顶尖支承工件车削外圆时，车床前后顶尖的等高度误差会影响工作的(　　)。

A. 素线的直线度　　　　　　　B. 圆度

C. 表面粗糙度　　　　　　　　D. 锥度

19. 机床丝杠的轴向窜动会导致车削螺纹时(　　)的精度超差。

A. 螺距　　　　　　　　　　　　　　B. 导程

C. 牙型角　　　　　　　　　　　　　D. 直径

20. 调整后的中滑板丝杠与螺母的间隙应使中滑板手柄转动灵活，正反转之间的空程量在(　　)转之内。

A. 1/2　　　　　B. 1/5　　　　　C. 1/20　　　　　D. 1/10

三、计算题(共 20 分)

1. 用直径为 $\phi 30_{-0.015}^{0}$ mm 的圆柱心轴对 $\phi 30_{+0.01}^{+0.03}$ mm 的孔进行定位时，试计算基准位移误差。(5 分)

2. 在车床上车削加工长度为 800 mm 的 Tr85 × 12 丝杠，因受切削热的影响，使工件由室温 20℃ 上升到 50℃，若只考虑工件受热伸长的影响，试计算加工后丝杠的单个螺距和全长上螺距的误差(丝杠材料的线胀系数 $a = 11.5 \times 10^{-6}/℃$)。(5 分)

3. 偏心套(见图附 4-1(a))装夹在 90° V 形块夹具上车削偏心孔，如图附 4-1(b)，试计算其定位误差。(5 分)

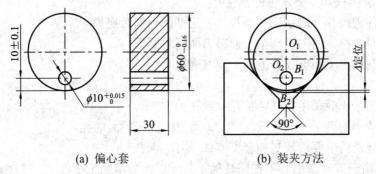

(a) 偏心套　　　　　　　　　　(b) 装夹方法

图附 4-1　在 V 形块夹具上车偏心孔

4. 在一轴颈上套一轴套，如图附 4-2 所示，加垫圈后用螺母紧固，求出轴套在轴颈上的轴向间隙。(5 分)

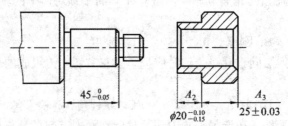

图附 4-2　计算轴套间轴向间隙

四、简答题(共 30 分)

1. 正确的加工顺序应遵循前工序为后续工序准备基准的原则，具体要求有哪些方面? (8 分)

2. 车深孔时，为防止车刀杆因悬伸过长而产生变形和振动，应采取哪些措施? (5 分)

3. 什么是车床工作精度? 为什么要检验车床工作精度? (7 分)

4. 加工中可采取哪些措施来减小或消除振动? (10 分)

附录5　国家职业技能标准：车工(职业编码：6-18-01-01)

说　明

为规范从业者的从业行为，引导职业教育培训的方向，为职业技能鉴定提供依据，依据《中华人民共和国劳动法》，适应经济社会发展和科技进步的客观需要，立足培育工匠精神和精益求精的敬业风气，人力资源和社会保障部组织有关专家，制定了《车工国家职业技能标准》(以下简称《标准》)。

一、本《标准》以《中华人民共和国职业分类大典(2015 年版)》为依据，严格按照《国家职业技能标准编制技术规程(2018 年版)》的有关要求，以职业活动为导向、职业技能为核心为指导思想，对车工从业人员的职业活动内容进行规范细致描述，对各等级从业者的技能水平和理论知识水平进行了明确规定。

二、本《标准》依据有关规定将本职业分为五级(初级工)、四级(中级工)、三级(高级工)、二级(技师)和一级(高级技师)五个等级，包括职业概况、基本要求、工作要求和权重表四个方面的内容。

三、本《标准》起草单位：北京机电行业协会。主要起草人有：于宪英、高红。参与编写人有：卫建平、范继彤。

四、本《标准》审定单位有：机械工业职业技能鉴定指导中心、北京机电行业协会、南京东华汽车实业有限公司培训中心、成都航空职业技术学院、金华市技师学院、南通技师学院、北京七星华电科技集团、北京中科科仪股份有限公司、福州职业技术学院、兰州工业学院。审定人员有：史仲光、邱山明、谷萍、乔向东、杨朝辉、杨靖国、王树青、杨怀庆、白凤光、陈爱华、茅伟巍、张力文、张德臣、柏启平、陈智勇、陈天凡、王明旭、孙颐、付桂华、郭一娟、程振宁。

五、本《标准》在制定过程中，得到广东省职业技能鉴定指导中心、湖南省人力资源和社会保障厅职业技能鉴定中心以及周德忠、皮阳文的指导和大力支持，在此一并感谢。

六、本《标准》业经人力资源和社会保障部批准，自公布之日起施行。

1. 职业概况

1.1 职业名称

车工。

1.2 职业编码

6-18-01-01。

1.3 职业定义

车工即操作车床,进行工件旋转表面切削加工的人员。

1.4 职业技能等级

本职业共设五个等级,分别为五级(初级工)、四级(中级工)、三级(高级工)、二级(技师)、一级(高级技师)。

1.5 职业环境条件

室内、常温。

1.6 职业能力特征

具有一定的学习能力和计算能力;具有较强的空间感和形体知觉;手指、手臂灵活,动作协调。

1.7 普通受教育程度

初中毕业(或相当文化程度)。

1.8 职业技能鉴定要求

1.8.1 申报条件

具备以下条件之一者,可申报五级(初级工):

(1) 累计从事本职业工作 1 年(含)以上。

(2) 本职业学徒期满。

具备以下条件之一者,可申报四级(中级工):

(1) 取得本职业五级(初级工)职业资格证书(技能等级证书)后,累计从事本职业工作 4 年(含)以上。

(2) 累计从事本职业工作 6 年(含)以上。

(3) 取得技工学校本专业或相关专业①毕业证书(含尚未取得毕业证书的在校应届毕业生);或取得经评估论证、以中级技能为培养目标的中等及以上职业学校本专业或相关专业毕业证书(含尚未取得毕业证书的在校应届毕业生)。

具备以下条件之一者,可申报三级(高级工):

---

① 相关专业:机械类专业,下同。

(1) 取得本职业四级(中级工)职业资格证书(技能等级证书)后，累计从事本职业工作 5 年(含)以上。

(2) 取得本职业四级(中级工)职业资格证书(技能等级证书)，并具有高级技工学校、技师学院毕业证书(含尚未取得毕业证书的在校应届毕业生)；或取得本职业四级(中级工)职业资格证书(技能等级证书)，并具有经评估论证、以高级技能为培养目标的高等职业学校本专业或相关专业毕业证书(含尚未取得毕业证书的在校应届毕业生)。

(3) 具有大专及以上本专业或相关专业毕业证书，并取得本职业四级(中级工)职业资格证书(技能等级证书)后，累计从事本职业工作 2 年(含)以上。

具备以下条件之一者，可申报二级(技师)：

(1) 取得本职业三级(高级工)职业资格证书(技能等级证书)后，累计从事本职业工作 4 年(含)以上。

(2) 取得本职业三级(高级工)职业资格证书(技能等级证书)的高级技工学校、技师学院毕业生，累计从事本职业工作 3 年(含)以上；或取得本职业预备技师证书的技师学院毕业生，累计从事本职业工作 2 年(含)以上。

具备以下条件者，可申报一级(高级技师)：

取得本职业二级(技师)职业资格证书(技能等级证书)后，累计从事本职业工作 4 年(含)以上。

1.8.2　鉴定方式

鉴定方式分为理论知识考试、技能考核以及综合评审。理论知识考试以笔试、机考等方式为主，主要考核从业人员从事本职业应掌握的基本要求和相关知识要求；技能考核主要采用现场操作、模拟操作等方式进行，主要考核从业人员从事本职业应具备的技能水平；综合评审主要针对技师和高级技师，通常采取审阅申报材料、答辩等方式进行全面评议和审查。

理论知识考试、技能考核和综合评审均实行百分制，成绩皆达 60 分(含)以上者为合格。

1.8.3　监考人员、考评人员与考生配比

理论知识考试中的监考人员与考生配比不低于 1∶15，且每个考场不少于 2 名监考人员；技能考核中的考评人员与考生配比不低于 1∶5，且考评人员为 3 人以上单数；综合评审委员为 3 人以上单数。

1.8.4　鉴定时间

理论知识考试时间不少于 90 min；技能考核时间为：五级(初级工)不少于 240 min，四级(中级工)不少于 300 min，三级(高级工)不少于 360 min，二级(技师)不少于 420 min，一级(高级技师)不少于 300 min；综合评审时间不少于 30 min。

1.8.5　鉴定场所设备

理论知识考试在标准教室进行；技能考核在具有必备的车床、工具、夹具、刀具、量具、量仪以及机床附件，通风条件良好、光线充足、安全设施完善的场所进行。

2. 基本要求

2.1　职业道德

2.1.1　职业道德基本知识

从业人员在职业活动中应遵循的基本观念、意识、品质和行为的要求，即一般社会道德以及工匠精神和敬业精神在职业活动中的具体体现。以爱岗敬业、诚实守信、办事公道、服务群众、奉献社会为主要内容。

2.1.2　职业守则

(1) 遵纪守法，爱岗敬业。

(2) 工作认真，团结协作。

(3) 爱护设备，安全操作。

(4) 遵守规程，执行工艺。

(5) 保护环境，文明生产。

2.2　基础知识

2.2.1　机械制图与机械识图知识

(1) 掌握机械零件制图方法，了解各种符号表达的含义。

(2) 掌握轴、套、圆锥、三角螺纹及圆弧等简单零件图绘制方法。

2.2.2　公差配合与技术测量知识

(1) 了解尺寸公差、未注尺寸公差、形状公差及表面粗糙度标注方法及含义。

(2) 明确零件加工部位的技术要求。

(3) 明确计量器具和检验方法。

2.2.3　基本计算知识

(1) 掌握机械加工常用计算方法。

(2) 掌握平面几何关于角度的基本计算方法。

2.2.4　常用材料与金属材料热处理知识

(1) 掌握常用金属材料知识。

(2) 掌握常用非金属材料知识。

(3) 识别零件材料材质的方法。

(4) 金属材料的退火、正火、淬火、调质处理知识。

2.2.5　机械加工工艺基础知识

(1) 掌握金属切削加工方法及常用设备知识。

(2) 掌握车削加工工艺规程制订知识。

(3) 掌握常用车刀知识。

2.2.6　钳工基础知识

(1) 掌握锯削、锉削知识。

(2) 掌握孔加工知识：钻孔、扩孔、铰孔。

(3) 掌握螺纹加工知识：攻螺纹、套螺纹。

2.2.7 电工基础知识

(1) 了解通用设备、常用电器的种类及用途。

(2) 掌握电气控制基础知识。

(3) 掌握机床安全用电知识。

2.2.8 液(气)压知识

(1) 理解液(气)压传动的概念。

(2) 掌握动力元件、执行元件和控制元件的知识。

(3) 了解液(气)压技术在车床上的应用。

2.2.9 安全文明生产与环境保护知识

(1) 了解现场文明生产要求。

(2) 掌握安全操作与劳动保护知识。

(3) 掌握环境保护知识。

2.2.10 质量管理知识

(1) 掌握全面质量管理基础知识。

(2) 了解操作过程中的质量分析与控制。

2.2.11 相关法律、法规知识

(1) 了解《中华人民共和国劳动法》相关知识。

(2) 了解《中华人民共和国劳动合同法》相关知识。

3. 工作要求

本标准对五级(初级工)、四级(中级工)、三级(高级工)、二级(技师)和一级(高级技师)的技能要求和相关知识要求依次递进,高级别涵盖低级别的要求。

在"工作内容"栏内未标注"普通车床"或"数控车床"的,为两者通用内容。

3.1 五级/初级工

职业功能	工作内容	技 能 要 求	相关知识要求
1. 轴类工件加工	1.1 工艺准备	1.1.1 能操作车床的手轮及手柄,变换主轴转速、进给量及螺距; 1.1.2 能对车床各润滑点进行润滑; 1.1.3 能对卡盘、床鞍、中小滑板、方刀架、尾座等进行调整和保养; 1.1.4 能根据工件材料和加工性质选择刀具材料; 1.1.5 能对90°、45°、75°右偏刀及切断刀进行刃磨和装夹; 1.1.6 能选择和使用车削轴类工件的可转位车刀	1.1.1 车床型号代号的含义; 1.1.2 车床各组成部分的名称及作用; 1.1.3 车床传动路线知识; 1.1.4 车床切削用量基本知识; 1.1.5 车床润滑图表(含润滑油、润滑脂种类); 1.1.6 车床安全操作规程; 1.1.7 常用刀具材料的牌号、含义及选择原则; 1.1.8 刀具基本角度的名称、定义及选择原则; 1.1.9 常用刀具的刃磨方法; 1.1.10 砂轮的选择及砂轮机安全操作要求; 1.1.11 切屑的种类及断屑措施; 1.1.12 常用可转位车刀的型号标记方法;

职业功能	工作内容	技　能　要　求	相关知识要求
1. 轴类工件加工	1.2 工件加工	1.2.1 能对短光轴、3～4 个台阶的轴类工件进行装夹、加工，并达到以下要求： (1) 跳动公差为 0.05 mm； (2) 表面粗糙度为 $Ra = 3.2\ \mu m$； (3) 公差等级为 IT8； 1.2.2 能使用中心钻加工中心孔。 1.2.3 能进行滚花加工及抛光加工	1.2.1 简单轴类工件的表达方法，公差与配合知识； 1.2.2 简单轴类工件的车削加工工艺、车削用量的选择方法； 1.2.3 轴类工件的装夹方法； 1.2.4 中心钻的选择及钻中心孔方法； 1.2.5 滚花加工及抛光加工的方法
	1.3 精度检验与误差分析	1.3.1 能使用游标卡尺、外径千分尺和百分表等量具对轴类工件进行测量； 1.3.2 能对简单轴类工件车削产生的误差进行分析	1.3.1 游标卡尺的结构、读数原理、读数方法和使用注意事项； 1.3.2 外径千分尺的结构、读数原理、读数方法和使用注意事项； 1.3.3 百分表的结构、读数原理、读数方法和使用注意事项； 1.3.4 量具维护知识与保养方法； 1.3.5 车削简单轴类工件产生误差的种类、原因及预防方法
2. 套类工件加工	2.1 工艺准备	2.1.1 能根据工件内孔尺寸选择麻花钻和内孔车刀； 2.1.2 能对麻花钻进行刃磨和装夹； 2.1.3 能刃磨通孔、台阶孔车刀	2.1.1 麻花钻的基本角度和刃磨方法； 2.1.2 内孔车刀的种类、用途、刃磨及装夹方法
	2.2 工件加工	2.2.1 能对含有直孔、台阶孔和盲孔的简单套类工件进行装夹、加工，并达到以下要求： (1) 公差等级为外径 IT8，内孔 IT9； (2) 表面粗糙度 $Ra = 3.2\ \mu m$	2.2.1 简单套类工件的表达方法，公差与配合知识； 2.2.2 简单套类工件的车削加工工艺、车削用量的选择方法； 2.2.3 简单套类工件钻、扩、镗、铰的方法； 2.2.4 内孔加工关键技术
	2.3 精度检验与误差分析	2.3.1 能使用塞规、内径表等量具对套类工件进行测量； 2.3.2 能对简单套类工件车削产生的误差进行分析	2.3.1 内径百分表的结构、读数原理、读数方法和使用注意事项； 2.3.2 塞规测量的原理和使用注意事项； 2.3.3 内孔量具维护知识与保养方法； 2.3.4 车削简单套类工件产生误差的种类、原因及预防方法
3. 圆锥面加工	3.1 工艺准备	3.1.1 能识读圆锥工件的零件图； 3.1.2 能进行车削圆锥面的计算和调整	3.1.1 常用工具圆锥的种类、识读方法； 3.1.2 车削圆锥面的有关计算知识
	3.2 工件加工	3.2.1 能使用转动小滑板、偏移尾座和宽刃车刀等方法车削内、外圆锥面，并达到以下要求： (1) 锥度公差为 AT9； (2) 表面粗糙度 $Ra = 3.2\ \mu m$	3.2.1 车削常用圆锥的原理和方法； 3.2.2 控制圆锥角度和尺寸的方法
	3.3 精度检验与误差分析	3.3.1 能使用角度样板、锥度量规和万能角度尺测量圆锥角度； 3.3.2 能对圆锥面车削产生的误差进行分析	3.3.1 角度样板的测量方法； 3.3.2 锥度量规的测量原理和测量方法； 3.3.3 万能角度尺的读数原理和测量方法； 3.3.4 车削圆锥面产生误差的种类、原因及预防方法

续表二

职业功能	工作内容	技 能 要 求	相关知识要求
4. 特形面加工	4.1 工艺准备	4.1.1 能刃磨车削圆弧曲面的圆弧刀具； 4.1.2 能刃磨车削圆弧曲面的成形刀具	4.1.1 圆弧刀、成形刀知识； 4.1.2 圆弧刀、成形刀的刃磨方法
	4.2 工件加工	4.2.1 能使用双手控制法车削球类、曲面等简单特形面。 4.2.2 能使用成形刀车削球面、曲面等简单特形面，并达到以下要求： (1) 样板透光均匀； (2) 表面粗糙度 $Ra=3.2\ \mu m$	4.2.1 特形面工件的表达方法，公差与配合知识； 4.2.2 简单特形面的车削加工工艺、车削用量的选择方法； 4.2.3 特形面的车削方法
	4.3 精度检验与误差分析	4.3.1 能使用半径规和曲线样板测量曲面圆度和轮廓度； 4.3.2 能对简单特形面车削产生的误差进行分析	4.3.1 轮廓度的概念； 4.3.2 半径规及曲线样板的使用方法； 4.3.3 车削简单特形面产生误差的种类、原因及预防方法
5. 螺纹加工	5.1 工艺准备	5.1.1 能识读普通螺纹标注； 5.1.2 能刃磨高速钢螺纹车刀； 5.1.3 能刃磨硬质合金螺纹车刀； 5.1.4 能选择板牙和丝锥	5.1.1 普通螺纹的种类、用途和相关计算，标注的含义； 5.1.2 螺纹车刀几何角度要求； 5.1.3 板牙和丝锥知识
	5.2 工件加工	5.2.1 能低速或高速车削普通螺纹，并达到以下要求： (1) 螺纹精度为 8 级； (2) 表面粗糙度 $Ra=1.6\ \mu m$ 5.2.2 能使用板牙和丝锥套、攻螺纹	5.2.1 车削普通螺纹切削用量的选择； 5.2.2 普通螺纹的车削方法； 5.2.3 在车床上使用板牙和丝锥套、攻螺纹的方法；
	5.3 精度检验与误差分析	5.3.1 能使用螺距规测量螺纹螺距； 5.3.2 能使用螺纹塞规和螺纹环规对螺纹进行综合测量； 5.3.3 能对普通螺纹车削产生的误差进行分析	5.3.1 螺纹单项测量知识； 5.3.2 螺纹综合测量知识； 5.3.3 车削普通螺纹产生误差的种类、原因及预防方法

3.2　四级/中级工

职业功能	工作内容	技 能 要 求	相关知识要求
1. 轴类工件加工	1.1 工艺准备	1.1.1 能识读台阶轴、细长轴等中等复杂轴类工件的零件图； 1.1.2 能编写中等复杂轴类工件的车削工艺卡； 1.1.3 能使用中心架或跟刀架装夹细长轴工件； 1.1.4 能根据工件材料、加工精度和工作效率要求，选择刀具种类、材料及几何角度	1.1.1 中等复杂轴类工件零件图的识读方法； 1.1.2 台阶轴、细长轴工件的车削加工工艺知识； 1.1.3 细长轴定位夹紧的原理和方法、车削时防止工件变形的方法； 1.1.4 车削细长轴工件刀具的种类、材料及几何角度的选择原则

职业功能	工作内容		技 能 要 求	相关知识要求
1. 轴类工件加工	1.2 工件加工	普通车床	1.2.1 能车削细长轴类工件，并达到以下要求： (1) 长径比为 $L/D \geqslant 25 \sim 60$； (2) 表面粗糙度 $Ra = 3.2\ \mu m$； (3) 公差等级为 IT9； (4) 直线度公差等级为 9～12 级。 1.2.2 能车削 3 个以上台阶轴并达到以下要求： (1) 表面粗糙度 $Ra = 1.6\ \mu m$； (2) 公差等级为 IT7	1.2.1 细长轴的车削加工特点和加工方法； 1.2.2 车削细长轴切削用量的选择方法
		数控车床	1.2.1 能车削 3 个以上台阶轴并达到以下要求： (1) 表面粗糙度 $Ra = 1.6 \mu m$； (2) 公差等级为 IT7	1.2.1 台阶轴加工程序的编写知识； 1.2.2 控制台阶轴精度的方法
	1.3 精度检验与误差分析		1.3.1 能使用通用量具检验公差等级 IT7 级工件的尺寸精度； 1.3.2 能使用杠杆百分表检验工件跳动精度； 1.3.3 能对中等复杂轴类工件车削产生的误差进行分析	1.3.1 通用量具的读数原理、使用方法和保养方法； 1.3.2 杠杆百分表的读数原理、使用方法和保养方法； 1.3.3 车削细长轴工件产生误差的种类、原因及预防方法
2. 套类工件加工	2.1 工艺准备		2.1.1 能识读套类、薄壁类工件的零件图； 2.1.2 能编写套类、薄壁类工件的车削工艺卡； 2.1.3 能使用自制心轴等专用夹具装夹套类、薄壁类工件； 2.1.4 能根据工件材料、加工精度和工作效率要求，选择刀具种类、材料及几何角度	2.1.1 套类、薄壁类零件图的识读方法； 2.1.2 套类、薄壁类工件的车削加工工艺知识； 2.1.3 套类、薄壁类工件定位夹紧的原理和方法、车削时防止工件变形的方法； 2.1.4 车削套类、薄壁类工件刀具的种类、材料及几何角度的选择原则
	2.2 工件加工	普通车床	2.2.1 能车削薄壁类工件，并达到以下要求： (1) 表面粗糙度为 $Ra = 1.6\ \mu m$； (2) 轴颈公差等级为 IT8； (3) 孔径公差等级为 IT9； (4) 圆度公差等级为 9 级	2.2.1 薄壁类工件的车削加工特点和加工方法； 2.2.2 薄壁类工件车削时切削用量的选择方法
		数控车床	2.2.1 能车削 3 个以上台阶孔并达到以下要求： (1) 表面粗糙度 $Ra = 1.6\ \mu m$； (2) 公差等级为 IT7	2.2.1 台阶孔加工程序的编写知识； 2.2.2 控制台阶孔加工精度的方法
	2.3 精度检验与误差分析		2.3.1 能使用内径百分表、内测千分尺、塞规等量具检验工件尺寸精度； 2.3.2 能使用杠杆百分表检验工件同轴度精度； 2.3.3 能对薄壁工件车削产生的误差进行分析	2.3.1.内径百分表、杠杆百分表、内测千分尺的读数原理、使用方法和保养方法； 2.3.2 车削薄壁工件产生误差的种类、原因及预防方法

职业功能	工作内容		技 能 要 求	相关知识要求
3. 偏心工件及曲轴加工	3.1 工艺准备		3.1.1 能识读偏心轴、偏心套工件的零件图； 3.1.2 能编写偏心轴、偏心套工件的车削工艺卡； 3.1.3 能使用三爪自定心卡盘、四爪单动卡盘、两顶尖、偏心卡盘及专用夹具装夹偏心轴、偏心套工件； 3.1.4 能对单拐曲轴进行画线、钻中心孔、装夹和配重	3.1.1 偏心轴、偏心套工件零件图的表达方法； 3.1.2 偏心轴、偏心套工件的车削加工工艺知识； 3.1.3 偏心轴、偏心套工件定位夹紧的原理和方法、车削时防止工件变形的方法； 3.1.4 单拐曲轴的装夹方法
	3.2 工件加工		3.2.1 能车削偏心轴、偏心套工件，并达到以下要求： (1) 轴径公差为 IT7，孔径公差为 IT8； (2) 表面粗糙度 $Ra = 1.6\ \mu m$； (3) 偏心距公差等级为 IT9； (4) 轴线平行度为 8 级。 3.2.2 能车削单拐曲轴，并达到以下要求： (1) 表面粗糙度 $Ra = 1.6\ \mu m$； (2) 轴颈公差等级为 IT8； (3) 偏心距公差为 IT11	3.2.1 偏心轴、偏心套工件车削加工特点和加工方法； 3.2.2 单拐曲轴车削加工特点和加工方法
	3.3 精度检验与误差分析		3.3.1 能使用百分表检验工件偏心距精度； 3.3.2 能检验单拐曲轴的轴颈、偏心距、主轴颈与曲柄颈的平行度等精度； 3.3.3 能对偏心工件、单拐曲轴车削产生的误差进行分析	3.3.1 使用百分表测量偏心距的方法； 3.3.2 单拐曲轴偏心距的检验方法； 3.3.3 车削偏心工件、单拐曲轴产生误差的种类、原因及预防方法
4. 螺纹加工	4.1 工艺准备		4.1.1 能识读普通螺纹、管螺纹、梯形螺纹、美制螺纹、单线蜗杆工件的零件图； 4.1.2 能查表计算螺纹各部分尺寸； 4.1.3 能刃磨各类螺纹车刀； 4.1.4 能根据加工需要选择机夹螺纹车刀	4.1.1 各类螺纹工件的标记及表达方法； 4.1.2 各类螺纹的尺寸计算； 4.1.3 各类螺纹车刀的刃磨方法； 4.1.4 螺纹车刀几何参数的选择原则
	4.2 工件加工	普通车床	4.2.1 能车削普通螺纹、管螺纹、梯形螺纹、美制螺纹、单线蜗杆等螺纹工件； 4.2.2 能车削双线普通螺纹和双线梯形螺纹	4.2.1 螺纹车削加工特点和加工方法； 4.2.2 双线螺纹的分线方法
		数控车床	4.2.1 能车削普通螺纹、管螺纹、梯形螺纹、美制螺纹等螺纹工件	4.2.1 螺纹加工程序的编写知识； 4.2.2 控制螺纹加工精度的方法
	4.3 精度检验与误差分析		4.3.1 能使用螺纹千分尺测量螺纹中径精度； 4.3.2 能使用三针测量法测量螺纹中径精度； 4.3.3 能使用齿厚游标卡尺检验蜗杆法向齿厚； 4.3.4 能对梯形螺纹、单线蜗杆车削产生的误差进行分析	4.3.1 螺纹千分尺的结构、读数原理、调整和测量方法； 4.3.2 三针测量法的检验原理、计算和测量方法； 4.3.3 齿厚游标卡尺的结构、读数原理、调整和测量方法； 4.3.4 车削梯形螺纹、单线蜗杆产生误差的种类、原因及预防方法

职业功能	工作内容		技 能 要 求	相关知识要求
5. 畸形 工件加工	5.1 工艺准备		5.1.1 能识读畸形工件的零件图; 5.1.2 能制订畸形工件的切削加工工艺	5.1.1 畸形工件零件图的识读方法; 5.1.2 畸形工件的工艺制订方法
	5.2 工件加工		5.2.1 能在工件上画加工轮廓线,并能按线找正工件; 5.2.2 能在四爪单动卡盘上找正、装夹工件; 5.2.3 能在四爪单动卡盘上加工畸形工件上的孔,并保证孔的轴线与各面的垂直度或平行度	5.2.1 工件画线方法; 5.2.2 在四爪单动卡盘上找正工件的方法; 5.2.3 保证孔的轴线与各面的垂直度或平行度的方法
	5.3 精度检验与误差分析		5.3.1 能使用百分表、平板和方箱等检验工件平面垂直度精度; 5.3.2 能使用杠杆表和量块检验孔的位置精度; 5.3.3 能对畸形工件车削产生的误差进行分析	5.3.1 平面垂直度精度的检验原理和方法; 5.3.2 孔的位置精度的检验原理和方法; 5.3.3 车削畸形工件产生误差的种类、原因及预防方法
6. 设备维护与保养	6.1 车床的维护	普通车床	6.1.1 能根据加工需要对普通车床进行调整; 6.1.2 能在加工前对普通车床进行常规检查,并能发现普通车床的一般故障	6.1.1 普通车床的结构、传动原理及加工前的调整知识; 6.1.2 普通车床常见的故障现象
		数控车床	6.1.1 能在加工前对数控车床的机、电、气、液开关进行常规检查,并能发现数控车床的一般故障	6.1.1 数控车床的结构、传动原理; 6.1.2 数控车床常见的故障现象
	6.2 车床的保养	普通车床	6.2.1 能对普通车床进行二级保养	6.2.1 普通车床二级保养的内容及方法
		数控车床	6.2.1 能对数控车床进行日常保养	6.2.1 数控车床日常保养的内容及方法

3.3　三级/高级工

职业功能	工作内容	技 能 要 求	相关知识要求
1. 轴类 工件加工	1.1 工艺准备	1.1.1 能识读机床主轴类零件图; 1.1.2 能对机床主轴类工件进行工艺分析; 1.1.3 能编制机床主轴类工件的车削工艺卡	1.1.1 机床主轴类零件图的表达方式和相关技术要求; 1.1.2 机械加工工艺卡的主要内容及编制方法
	1.2 工件加工	1.2.1 能车削机床主轴类工件,精度等级达到IT7	1.2.1 机床主轴类工件的装夹、切削知识
	1.3 精度检验与误差分析	1.3.1 能使用杠杆式卡规和杠杆式千分尺对轴颈尺寸精度进行检验; 1.3.2 能使用测微仪、圆度仪对工件形位公差进行检验; 1.3.3 能对主轴类工件车削产生的误差进行分析	1.3.1 杠杆式卡规和杠杆式千分尺的结构、读数原理和使用注意事项; 1.3.2 测微仪、圆度仪的结构、读数原理和使用注意事项; 1.3.3 车削主轴类工件产生误差的种类、原因及预防方法

职业功能	工作内容	技 能 要 求	相关知识要求
2. 套类工件加工	**2.1 工艺准备**	2.1.1 能根据需要选用加工深孔的深孔钻； 2.1.2 能刃磨群钻、选用机夹车刀等常用车孔刀具； 2.1.3 能根据加工需要选择专用及组合刀具	2.1.1 深孔加工方法和深孔钻的种类、用途； 2.1.2 常用车孔刀具的用途、特点及刃磨方法； 2.1.3 专用及组合刀具的使用方法
	2.2 工件加工 普通车床	2.2.1 能加工深孔并达到以下要求： (1) 长径比 $L/D \geqslant 10$； (2) 公差等级为 IT8； (3) 表面粗糙度 $Ra = 3.2\ \mu m$； (4) 圆柱度公差等级为 9 级。 2.2.2 能车削轴线在同一轴向平面内的三偏心外圆和三偏心孔，并达到以下要求： (1) 偏心距公差等级为 IT9； (2) 轴径公差等级为 IT6； (3) 孔径公差等级为 IT8； (4) 对称度为 0.05 mm； (5) 表面粗糙度 $Ra = 1.6\ \mu m$	2.2.1 深孔加工的特点及深孔工件的车削、测量方法； 2.2.2 偏心件加工的特点及三偏心工件的车削、测量方法
	数控车床	2.2.1 能手工编制较复杂、带有二次曲线曲面工件的车削程序； 2.2.2 能加工带有二维圆弧曲面的较复杂工件	2.2.1 较复杂圆弧与圆弧的交点计算方法，二次曲线的公式换算方法； 2.2.2 宏程序的编写方法； 2.2.3 在数控车床上利用多重复合循环加工带有二维圆弧曲面的较复杂工件的方法
	2.3 精度检验与误差分析	2.3.1 能使用内径百分表对深孔工件的尺寸精度、形状精度进行检验； 2.3.2 能使用百分表、杠杆百分表对工件的位置精度进行检验； 2.3.3 能对深孔工件车削产生的误差进行分析	2.3.1 使用内径百分表检验深孔工件尺寸精度、形状精度的方法； 2.3.2 使用百分表、杠杆百分表检验工件位置精度的原理和方法； 2.3.3 车削深孔工件产生误差的种类、原因及预防方法
3. 偏心工件及曲轴加工	**3.1 工艺准备**	3.1.1 能识读双偏心轴、双偏心套工件的零件图； 3.1.2 能编制双偏心轴、双偏心套工件的车削工艺卡； 3.1.3 能使用四爪单动卡盘、两顶尖、偏心卡盘及专用夹具装夹双偏心轴、双偏心套工件； 3.1.4 能对三拐曲轴进行画线、钻中心孔、装夹和配重	3.1.1 双偏心轴、双偏心套工件零件图的识读方法； 3.1.2 双偏心轴、双偏心套工件的车削加工工艺知识； 3.1.3 双偏心轴、双偏心套工件定位夹紧的原理和方法、车削时防止工件变形的方法； 3.1.4 三拐曲轴的装夹方法

续表二

职业功能	工作内容		技 能 要 求	相关知识要求
3. 偏心工件及曲轴加工	3.2 工件加工		3.2.1 能车削双偏心轴、双偏心套工件，并达到以下要求： (1) 轴径公差为 IT7； (2) 表面粗糙度 $Ra = 1.6\ \mu m$； (3) 偏心距公差等级为 IT9； (4) 轴线平行度为 8 级。 3.2.2 能车削三拐曲轴并达到以下要求： (1) 表面粗糙度 $Ra = 1.6\ \mu m$； (2) 轴颈公差等级为 IT8； (3) 偏心距公差为 IT11	3.2.1 双偏心轴、双偏心套工件车削加工特点和加工方法； 3.2.2 三拐曲轴车削加工特点和加工方法
	3.3 精度检验与误差分析		3.3.1 能使用百分表检验工件偏心距精度； 3.3.2 能检验三拐曲轴的轴颈、偏心距、主轴颈与曲柄颈的平行度及曲柄颈夹角等精度； 3.3.3 能对双偏心工件和三拐曲轴车削产生的误差进行分析	3.3.1 使用百分表测量偏心距的方法； 3.3.2 三拐曲轴的精度检验方法； 3.3.3 车削双偏心工件及三拐曲轴产生误差的种类、原因及预防方法
4. 螺纹加工	4.1 工艺准备		4.1.1 能识读多线螺纹和蜗杆的零件图； 4.1.2 能刃磨多线螺纹和蜗杆的车削加工刀具	4.1.1 多线螺纹和蜗杆零件图的识读方法； 4.1.2 多线螺纹和蜗杆的车削加工刀具的角度要求和刃磨方法
	4.2 工件加工	普通车床	4.2.1 能车削两线及以上蜗杆，并达到以下要求： (1) 精度为 9 级； (2) 分度圆跳动精度等级为 8 级； (3) 齿面粗糙度 $Ra = 1.6\ \mu m$	4.2.1 两线及以上蜗杆的计算和加工方法
		数控车床	4.2.1 能车削多线螺纹和变螺距螺纹	4.2.1 多线螺纹和变螺距螺纹的计算、编程方法； 4.2.2 车削多线螺纹和变螺距螺纹的方法
	4.3 精度检验与误差分析		4.3.1 能使用三针测量法检验螺纹中径精度； 4.3.2 能使用三针测量法检验蜗杆分度圆直径精度； 4.3.3 能使用齿厚游标卡尺检验蜗杆法向齿厚； 4.3.4 能对多线螺纹和变螺距螺纹车削产生的误差进行分析	4.3.1 三针测量法检验螺纹中径精度的计算和测量方法； 4.3.2 三针测量法检验蜗杆分度圆直径精度的计算和测量方法； 4.3.3 蜗杆法向齿厚的计算和测量方法； 4.3.4 车削多线螺纹和变螺距螺纹产生误差的种类、原因及预防方法
5. 畸形工件加工	5.1 工艺准备		5.1.1 能识读立体交错孔和箱体等复杂畸形工件的零件图； 5.1.2 能在四爪单动卡盘、花盘和角铁上找正、装夹外形复杂畸形工件； 5.1.3 能制订外形复杂畸形工件的车削加工工艺	5.1.1 复杂畸形工件零件图的识读方法； 5.1.2 外形复杂畸形工件的车削加工工艺知识

职业功能	工作内容		技 能 要 求	相关知识要求
5. 畸形工件加工	5.2 工件加工		5.2.1 能车削立体交错的两孔或三孔； 5.2.2 能车削与轴线垂直且偏心的孔； 5.2.3 能车削两半箱体的同心孔。 以上 3 项均达到以下要求： (1) 孔距公差等级为 IT9； (2) 偏心距公差等级为 IT9； (3) 孔径公差等级为 IT7； (4) 孔中心线位置精度为 9 级； (5) 表面粗糙度 $Ra = 1.6\ \mu m$	5.2.1 车削及测量立体交错孔的方法； 5.2.2 车削与回转轴垂直且偏心的孔的方法； 5.2.3 车削两半箱体的同心孔的方法
	5.3 精度检验与误差分析		5.3.1 能使用百分表、平板和方箱等检验复杂工件的位置精度； 5.3.2 能使用杠杆表和量块检验孔的位置精度； 5.3.3 能对立体交错孔和箱体类工件车削产生的误差进行分析	5.3.1 位置精度的检验原理和方法； 5.3.2 车削立体交错孔和箱体类工件产生误差的种类、原因及预防方法
6. 设备维护与保养	6.1 车床的维护	普通车床	6.1.1 能判断并能排除车床的一般机械故障	6.1.1 车床常见机械故障种类、原因及排除办法
		数控车床	6.1.1 能判别编程错误、超程、欠压、缺油等报警信息，并排除一般故障	6.1.1 数控车床报警信息的内容及解除方法 6.1.2 数控车床液压原理及常用液压元件知识
	6.2 车床的保养	普通车床	6.2.1 能进行普通车床的一级保养	6.2.1 普通车床一级保养的内容及方法
		数控车床	6.2.1 能进行数控车床定期保养	6.2.1 数控车床定期保养的内容及方法

3.4 二级/技师

职业功能	工作内容		技 能 要 求	相关知识要求
1. 轴类工件加工	1.1 工艺准备		1.1.1 能绘制车床常用工装的零件图及装配图； 1.1.2 能编制主轴类工件的加工工艺规程； 1.1.3 能设计与制作装夹工件的专用夹具； 1.1.4 能使用涂层、特殊形状及特殊材料等新型刀具	1.1.1 车床常用工装装配图的画法； 1.1.2 典型主轴类工件加工工艺规程的编制方法； 1.1.3 专用夹具的设计与制作方法； 1.1.4 新型刀具的种类、特点及应用
	1.2 工件加工	普通车床	1.2.1 能车削轴径公差等级 IT7～IT6 的机床主轴类工件	1.2.1 主轴类工件的特点及加工方法； 1.2.2 精密机床主轴的加工工艺及深孔、螺纹在加工顺序中的安排
		数控车床	1.2.1 能车削轴径公差等级为 IT7～IT6 的机床主轴类工件	1.2.1 CAD/CAM 软件编程方法； 1.2.2 保证加工精度的方法
	1.3 精度检验与误差分析		1.3.1 能对高精度的主轴类工件进行直接测量和间接测量； 1.3.2 能根据测量结果分析产生误差的原因，并提出改进措施	1.3.1 高精度主轴类工件直接测量和间接测量的方法； 1.3.2 车削高精度主轴类工件产生误差的种类、原因及预防方法

续表一

职业功能	工作内容		技 能 要 求	相关知识要求
2. 套类工件加工	2.1 工艺准备		2.1.1 能编制组合套件的加工工艺规程； 2.1.2 能设计、制作加工组合套件的专用夹具； 2.1.3 能根据加工要求，确定数控车床的有关参数，选择合理刀具	2.1.1 加工工艺方案合理性的分析方法及改进措施； 2.1.2 加工组合套件专用夹具的设计与制作方法； 2.1.3 数控车床刀具参数的设定方法
	2.2 工件加工	普通车床	2.2.1 能对组合套件进行工件加工和组装，并保证装配图上的技术要求	2.2.1 组合套件的加工工艺制订； 2.2.2 保证组合套件装配精度的方法
		数控车床	2.2.1 能对在车削中心加工的带有车削、铣削等工序的 IT6 级工件进行加工	2.2.1 保证在车削加工中心上加工 IT6 级工件精度的方法
	2.3 精度检验与误差分析		2.3.1 能对组合套件进行精度检验； 2.3.2 能对组合套件车削产生的误差进行分析，并提出改进措施	2.3.1 组合套件装配精度检验的方法； 2.3.2 车削组合套件产生误差的种类、原因及预防方法
3. 偏心工件及曲轴加工	3.1 工艺准备		3.1.1 能编制偏心工件及多拐曲轴的加工工艺规程； 3.1.2 能设计、制作装夹偏心工件、多拐曲轴的专用夹具	3.1.1 偏心工件及多拐曲轴的加工工艺规程的编制方法； 3.1.2 偏心工件、多拐曲轴专用夹具的设计与制作方法
	3.2 工件加工		3.2.1 能车削 3 个及以上多偏心孔的工件； 3.2.2 能车削三拐以上的多拐曲轴。 以上两项均达到以下要求： (1) 偏心距公差等级为 IT9； (2) 直径公差等级为 IT6； (3) 表面粗糙度 $Ra = 1.6\ \mu m$	3.2.1 多偏心孔工件的车削方法； 3.2.2 多拐曲轴的车削方法
	3.3 精度检验与误差分析		3.3.1 能对多偏心工件、多拐曲轴进行精度检验； 3.3.2 能对偏心距公差达不到要求的原因进行分析，并提出改进措施	3.3.1 多偏心工件、多拐曲轴的精度检验方法； 3.3.2 车削多偏心工件、多拐曲轴产生误差的种类、原因及预防方法
4. 螺纹加工	4.1 工艺准备		4.1.1 能够识读平面螺纹、不等距螺纹及变齿厚蜗杆工作图； 4.1.2 能制订平面螺纹、不等距螺纹及变齿厚蜗杆的车削加工工序； 4.1.3 能设计、制作加工不等距螺纹及变齿厚蜗杆的传动装置	4.1.1 平面螺纹、不等距螺纹及变齿厚蜗杆的制图知识； 4.1.2 平面螺纹、不等距螺纹及变齿厚蜗杆的设计与应用知识； 4.1.3 加工不等距螺纹、变齿厚蜗杆的传动装置的结构特点及工作原理
	4.2 工件加工		4.2.1 能车削平面螺纹； 4.2.2 能车削不等距螺纹及变齿厚蜗杆	4.2.1 平面螺纹的加工方法； 4.2.2 不等距螺纹及变齿厚蜗杆的加工方法
	4.3 精度检验与误差分析		4.3.1 能对平面螺纹、不等距螺纹及变齿厚蜗杆进行精度检验； 4.3.2 能对平面螺纹、不等距螺纹及变齿厚蜗杆车削产生的误差进行分析，并提出改进措施	4.3.1 平面螺纹、不等距螺纹及变齿厚蜗杆的检验方法； 4.3.2 车削平面螺纹、不等距螺纹及变齿厚蜗杆产生误差的种类、原因及预防方法

职业功能	工作内容	技　能　要　求	相关知识要求
5. 畸形工件加工	5.1 工艺准备	5.1.1 能编制复杂畸形工件的加工工艺规程； 5.1.2 能设计、制作、安装畸形工件的专用夹具	5.1.1 复杂畸形工件加工工艺规程的编制方法； 5.1.2 畸形工件专用夹具的设计与制作方法
	5.2 工件加工	5.2.1 能对立体交叉孔及多孔工件进行安装和调整； 5.2.2 能车削十字孔、偏心凸轮、十字轴、十字座、连杆、叉架等畸形工件	5.2.1 畸形工件在夹具上的定位精度调整方法； 5.2.2 畸形工件的加工方法
	5.3 精度检验与误差分析	5.3.1 能对复杂畸形工件进行精度检验； 5.3.2 能对复杂畸形工件车削的误差进行分析，并提出改进措施	5.3.1 复杂畸形工件的精度检验方法； 5.3.2 车削复杂畸形工件产生误差的种类、原因及预防方法
6. 设备维护与保养	6.1 普通车床维护与保养	6.1.1 能进行车床几何精度及工作精度的检验； 6.1.2 能分析并排除普通车床常见液压和机械故障	6.1.1 车床几何精度及工作精度检验的内容与方法； 6.1.2 排除普通车床常见液压和机械故障的方法
	6.2 数控车床维护与保养	6.2.1 能进行数控车床定位精度、重复定位精度及工作精度的检验； 6.2.2 能根据数控车床的结构、原理诊断并排除液压及机械故障	6.2.1 数控车床定位精度、重复定位精度及工作精度的检验方法； 6.2.2 数控车床常见液压和机械故障的诊断及排除方法
7. 培训指导	7.1 操作指导	7.1.1 能指导本职业三级(高级工)及以下级别人员进行实际操作	7.1.1 实际操作的演示与指导方法
	7.2 理论培训	7.2.1 能对本职业三级(高级工)及以下级别人员进行技术理论培训	7.2.1 编写培训讲义的方法
8. 技术管理	8.1 编写技术报告	8.1.1 能总结技术成果，编写技术报告	8.1.1 技术报告的撰写方法
	8.2 技术交流	8.2.1 能总结专业技术，向本职业三级(高级工)及以下人员推广技术成果	8.2.1 技术交流推广的方法

3.5　一级/高级技师

职业功能	工作内容		技 能 要 求	相关知识要求
1. 特形面加工	1.1 工艺准备		1.1.1 能编制特形面的加工工艺规程； 1.1.2 能设计专用加工装置车削各类特形面； 1.1.3 能根据工件加工要求设计并制造成形车刀和专用车刀	1.1.1 特形面加工工艺规程的编制方法； 1.1.2 特形面专用加工装置装夹、加工工件的方法； 1.1.3 成形车刀和专用车刀的设计与制造知识
	1.2 工件加工	普通车床	1.2.1 能用专用加工装置车削椭圆轴、椭圆孔、双曲面辊轴、凸轮、多边形等	1.2.1 特形面专用加工装置调试； 1.2.2 使用专用加工装置加工工件的方法
1. 特形面加工	1.2 工件加工	数控车床	1.2.1 能在车削中心和车铣复合中心上使用对刀仪对刀，并使用工件极坐标系进行工件加工； 1.2.2 能车削椭圆轴、椭圆孔、双曲面辊轴、凸轮等特形面	1.2.1 车削中心、车铣复合中心上建立工件坐标系的方法； 1.2.2 对刀仪使用的方法； 1.2.3 使用 CAD/CAM 软件编制多轴加工程序，程序运行方式的选择； 1.2.4 特形面工件加工过程中控制工件精度的方法
	1.3 精度检验与误差分析		1.3.1 能对特形面工件进行直接测量和间接测量； 1.3.2 能对复杂特形面工件车削产生的误差进行分析，并提出改进措施	1.3.1 特形面工件直接测量和间接测量的方法； 1.3.2 车削复杂特形面工件产生误差的种类、原因及预防方法
2. 难加工材料加工	2.1 工艺准备		2.1.1 能解决难加工材料的切削问题； 2.1.2 能选择适合难加工材料切削的车刀； 2.1.3 能设计制造难加工材料刀具	2.1.1 难加工材料的特点及加工工艺规程的编制方法； 2.1.2 刀具材料、角度知识； 2.1.3 新刀具材料及先进车刀知识
	2.2 工件加工		2.2.1 能车削高锰钢、高强度钢、不锈钢、高温合金钢、钛合金等难加工材料的工件，并达到以下要求： (1) 直径公差等级为 IT6； (2) 表面粗糙度 $Ra = 0.8\ \mu m$	2.2.1 难加工材料切削知识； 2.2.2 难加工材料的车削切削用量选择
	2.3 精度检验与误差分析		2.3.1 能对难加工材料高精度工件进行精度检验； 2.3.2 能对难加工材料车削产生的误差进行分析，并提出改进措施	2.3.1 难加工材料高精度工件精度检验的方法； 2.3.2 车削难加工材料工件产生误差的种类、原因及预防方法

续表一

职业功能	工作内容	技能要求	相关知识要求
3. 设备维护与保养	3.1 普通车床维护	3.1.1 能对车床进行主要技术指标的检测	3.1.1 车床几何精度和工作精度的检测知识
	3.2 数控车床维护与排除故障	3.2.1 能借助词典识读进口设备的图样和相关的技术资料 3.2.2 能排除各种常见报警信息	3.2.1 常用进口设备主要外文资料; 3.2.2 数控车床报警信息的内容及解除方法
4. 培训指导	4.1 操作指导	4.1.1 能指导本职业二级(技师)及以下人员进行实际操作; 4.1.2 能组织相关人员进行技术攻关	4.1.1 技术攻关方法
	4.2 理论培训	4.2.1 能对本职业二级(技师)及以下级别人员进行技术理论培训; 4.2.2 能指导以上等级人员查找及应用相关技术手册	4.2.1 本行业四新技术的发展状况; 4.2.2 精密加工、纳米加工和高速切削加工等先进加工知识
5. 技术管理	5.1 编写技术报告	5.1.1 能总结本专业先进高效的操作方法、工装设计等技术成果并编写技术报告	5.1.1 专业技术报告的内容及撰写方法
	5.2 技术交流	5.2.1 能进行技术交流,发现和推广先进技术成果; 5.2.2 能指导本职业二级/技师及以下级别人员解决加工问题	5.2.1 技术交流推广及展示的方法

4. 权重表

4.1 理论知识权重表

项目		五级(初级工)/%	四级(中级工)/%		三级(高级工)/%		二级(技师)/%		一级(高级技师)/%	
			普通车床	数控车床	普通车床	数控车床	普通车床	数控车床	普通车床	数控车床
基本要求	职业道德	5	5	5	5	5	5	5	5	5
	基础知识	20	20	20	15	20	10	15	15	20
相关知识要求	轴类工件加工	20	15	15	15	15	15	10	—	—
	套类工件加工	15	15	15	15	15	10	10	—	—
	圆锥面加工	15	—	—	—	—	—	—	—	—
	特形面加工	10	—	—	—	—	—	—	25	25
	螺纹加工	15	20	20	20	15	15	15	—	—
	偏心工件及曲轴加工	—	10	10	10	10	15	15	—	—
	畸形工件加工	—	10	10	15	10	15	10	—	—
	难加工材料加工	—	—	—	—	—	—	—	30	25
	设备维护与保养	—	5	5	5	10	5	10	10	10
	培训指导	—	—	—	—	—	5	5	10	10
	技术管理	—	—	—	—	—	5	5	5	5
合计		100	100	100	100	100	100	100	100	100

4.2　技能要求权重表

项目		技能等级								
		五级(初级工)/%	四级(中级工)/%		三级(高级工)/%		二级(技师)/%		一级(高级技师)/%	
			普通车床	数控车床	普通车床	数控车床	普通车床	数控车床	普通车床	数控车床
技能要求	轴类工件加工	25	20	20	20	20	20	15	—	—
	套类工件加工	20	20	20	20	20	15	15	—	—
	圆锥面加工	20	—	—	—	—	—	—	—	—
	特形面加工	15	—	—	—	—	—	—	35	35
	螺纹加工	20	20	20	20	20	15	15	—	—
	偏心工件及曲轴加工	—	20	15	20	15	15	15	—	—
	畸形工件加工	—	15	15	15	15	20	20	—	—
	难加工材料加工	—	—	—	—	—	—	—	35	35
	设备维护与保养	—	5	10	5	10	5	10	15	15
	培训指导	—	—	—	—	—	5	5	10	10
	技术管理	—	—	—	—	—	5	5	5	5
合计		100	100	100	100	100	100	100	100	100

参 考 文 献

[1] 高僖贤. 车工基本技术. 北京：金盾出版社，2004.

[2] 王洪光. 车工. 北京：化学工业出版社，2006.

[3] 吴国华. 金属切削机床. 北京：机械工业出版社，2010.

[4] 盛聚. 车削加工技术. 北京：人民交通出版社，2011.

[5] 武斌儒. 机械制造基础. 南京：江苏凤凰教育出版社，2018.

[6] 吴细辉. 车工工艺与技能训练. 北京：机械工业出版社，2019.

[7] 陈刚，刘迎军. 车工技术. 北京：机械工业出版社，2020.

[8] 强瑞鑫. 车工技能鉴定考核试题库. 2 版. 北京：机械工业出版社，2020.